Marlene Marinescu

Wechselstromtechnik

Marlene Marinescu

Wechselstromtechnik

Grundlagen und Beispiele

Mit 56 Abbildungen im Text
und 34 Beispielen mit 55 Abbildungen

Herausgegeben von Otto Mildenberger

Herausgeber: Prof Dr.-Ing. Otto Mildenberger lehrt an der Fachhochschule Wiesbaden in den Fachbereichen Elektrotechnik und Informatik.

ISBN 978-3-528-07437-1   ISBN 978-3-663-07801-2 (eBook)
DOI 10.1007/978-3-663-07801-2

Vorwort

Das vorliegende Lehrbuch ist aus dem Vorlesungsskript „Grundlagen der Elektrotechnik 2" hervorgegangen, das meine Studenten der Fachhochschule Wiesbaden im ersten und zweiten Semester verwenden. Es bildet die Fortsetzung des ebenfalls im Vieweg Verlag in der Reihe uni script erschienenen Bandes „Gleichstromtechnik. Grundlagen und Beispiele", dessen Inhalt hier als bekannt vorausgesetzt wird. Beide Lehrbücher eignen sich nicht nur als Lehrmaterial für Studierende der Elektrotechnik an Fachhochschulen und Hochschulen, sondern auch als Nachschlagewerk für in der Praxis tätige Ingenieure.

Als mathematische Kenntnisse sind neben Kenntnissen der Algebra und der Trigonometrie auch die der linearen Gleichungssysteme und vor allem der komplexen Rechnung erforderlich. Viele dieser mathematischen Aufgaben werden heute von Taschenrechnern gelöst, was dem Anwender eine erhebliche Zeitersparnis bringt.

Bei der Darstellung der Grundlagen der Wechselstromtechnik wird besonderer Wert auf das Verständnis der physikalischen Zusammenhänge gelegt. So wird zunächst der Behandlung der Sinusstromkreise im Zeitbereich viel Aufmerksamkeit gewidmet und erst dann zu den „symbolischen" Verfahren übergegangen. Damit soll die physikalische Bedeutung der verwendeten Symbole - Zeiger, komplexe Zahlen - besser begriffen werden und nie aus den Augen verloren gehen.

Der Aufbau des Stoffes soll den Leser schrittweise und leicht verständlich an die Berechnungsmethoden der Sinusstromnetzwerke heranführen, die ein vertiefendes Studium verschiedener Kapitel der Wechselstromtechnik ermöglichen.

Viele Behandlungsverfahren, wie Spannungs- und Stromteilerregel, Netzumwandlung, die Methoden der Ersatzquellen, der Überlagerungssatz und die Hauptmethoden der Netzwerkanalyse (Maschen- und Knotenpotentialverfahren) werden vom Gleichstrom auf den Wechselstrom übertragen. Es wird vorausgesetzt, daß der Leser die Anwendung dieser Methoden von der Gleichstromtechnik her beherrscht.

Neben der Theorie werden auch in diesem Band, wie in dem Band „Gleichstromtechnik", zahlreiche Beispiele mit ausführlicher Erläuterung des Lösungsweges gebracht, mit denen der Leser die Anwendung der Verfahren der Wechselstromlehre, die für den Anfänger zuerst meist mit Schwierigkeiten verbunden ist, üben kann. Bei der Lösung der Aufgaben wird davon ausgegangen, daß ein Taschenrechner, der Rechnungen mit komplexen Zahlen durchführen kann, angewendet wird.

Ich danke allen meinen Studenten, die durch ihre Fragen, Entdeckung von Fehlern und Hilfe bei der Gestaltung der druckfertigen Form zum vorliegenden Buch beigetragen haben.

Rüsselsheim, im Januar 1999   Marlene Marinescu

Inhaltsverzeichnis

1 Grundbegriffe der Wechselstromtechnik

1.1 Warum verwendet man Wechselstrom ?

Man kennt aus der Praxis die hervorragende Bedeutung der Wechselstromtechnik, sowohl bei der Erzeugung und Übertragung der elektrischen Energie als auch bei ihrer Umwandlung in andere Energieformen (Energietechnik) und nicht zuletzt in der Nachrichten-, Informations- und Automatisierungstechnik.

Aus welchen Gründen benutzt man vorwiegend Wechsel- und nicht Gleichstrom ? Die wichtigsten sind:

- Die elektrische Energie wird in Kraftwerken mittels großer Generatoren erzeugt. Die Wechselstrom- oder Drehstromgeneratoren großer Leistung sind einfacher zu realisieren, da sie im Gegensatz zu den Gleichstrommaschinen keine zusätzlichen Einrichtungen (Stromwender = Kommutatoren) benötigen. Damit kann man auch höhere Spannungen erzeugen.

- In unserer energiebewußten Zeit ist die Frage sehr wichtig, wie man die elektrische Energie von dem Erzeuger zu den Verbrauchern über große Entfernungen möglichst verlustarm übertragen kann. Man kann leicht ersehen (der Beweis ist im Beispiel 2.3, S.42 erbracht), daß die Wärmeverluste auf der Leitung umgekehrt proportional zu U^2 sind. Somit ist der Wirkungsgrad der Übertragung umso besser, desto höher die Spannung ist. In Europa verwendet man 400kV, in Ländern mit größeren Entfernungen (Russland, Kanada) über 700kV. Das hat zwei Konsequenzen:

  - daß man beim Erzeuger die Spannung hochtransformieren muß, da solche Spannungen mit Maschinen nicht erzeugt werden können und

  - daß man bei dem Verbraucher die Hochspannung in mehreren Stufen heruntertransformieren muß (bis zu 380V). Das geschieht am günstigsten mit Transformatoren, die allerdings nur mit Wechselstrom funktionieren.

- Die einfachsten und robustesten elektrischen Motoren, die demzufolge am häufigsten eingesetzt werden, sind die Drehstrom-Asynchronmotoren.

- Viele Anwendungen der elektrischen Energie können nur mit zeitlich veränderlichen Spannungen und Strömen realisiert werden, so z.B. die Umwandlung in thermische Energie in Induktionsöfen.

- Die gesamte Nachrichtentechnik arbeitet mit Überlagerung von Wechselstromsignalen. Die Erzeugung und die Benutzung von elektromagnetischen Wellen benötigt Wechselströme von hoher Frequenz.

Bemerkung: Alle diese Argumente zugunsten des Wechselstromes sollen jedoch nicht die Bedeutung der Gleichstromtechnik schmälern, die in den letzten Jahrzehnten, parallel zu der rasanten Entwicklung der Leistungselektronik, wieder viele Anwendungsgebiete für sich beanspruchen kann.

Von den Wechselströmen ist vor allem der *Sinusstrom* von überragender Bedeutung, vor allem für die Energietechnik. Da alle anderen periodischen Funktionen (mit Hilfe der Fourier-Analyse) als Überlagerung von sinusförmigen Funktionen mit verschiedenen Frequenzen betrachtet werden können, bildet die Untersuchung des Sinusstromkreises die Grundlage der Wechselstromtechnik.

Noch eine **Bemerkung:** Heute sind die meisten Netze zur Erzeugung, Übertragung und Verteilung elektromagnetischer Energie mit wenigen Ausnahmen Wechselstromnetze mit sinusförmigen Spannungen der Frequenz f=50Hz (in Amerika: 60Hz), die man industrielle Frequenz nennt.
Warum wurde ausgerechnet diese Frequenz gewählt ? Grundsätzlich sollte die Frequenz so niedrig wie möglich sein, um die Schwierigkeiten bei der Erzeugung und Übertragung der elektrischen Energie zu minimieren. Die Frequenz wurde so ausgewählt, daß man die Schwankungen der Lichtintensität der Glühlampen mit dem Auge nicht wahrnehmen kann. (Die Bahn benutzt, wegen Schwierigkeiten mit der Kommutierung der Motoren, die Frequenz $16\frac{2}{3}$ Hz; dort muß man für eine einwandfreie Beleuchtung spezielle Maßnahmen ergreifen - siehe Beispiel 4.7, S.91.)

1.2   Kennwerte der sinusförmigen Wechselgrößen

1.2.1   Wechselgrößen

Eine Wechselgröße ändert ihre Größe und ihre Richtung *periodisch* mit der Zeit t. Nach Ablauf einer **Periodendauer T** wiederholt sich der Verlauf der Wechselgröße (Abb.1).
Der Augenblickswert einer Wechselgröße, z.B. elektrischer Strom i, ist:

$$i = i\,(t + n\,T) \quad \text{\textit{mit n als ganzer Zahl}} \quad . \tag{1}$$

Für Augenblickswerte benutzt man kleine Buchstaben.
Man definiert noch:

- **Frequenz:**

$$f = \frac{1}{T} \tag{2}$$

  mit der Einheit Hertz (Hz).

- **Kreisfrequenz** oder **Winkelgeschwindigkeit:**

$$\omega = 2\pi f = \frac{2\pi}{T} \tag{3}$$

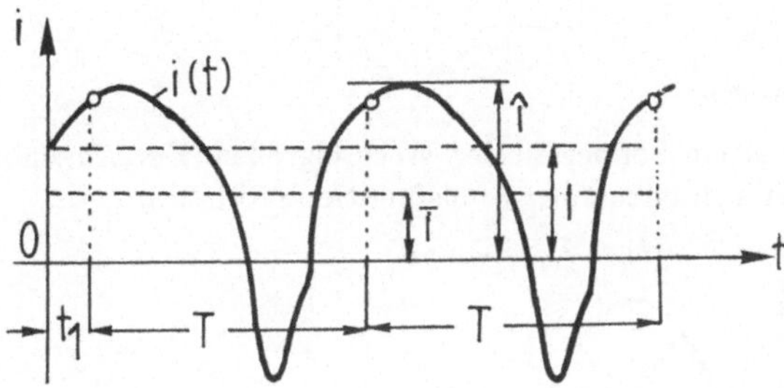

Abbildung 1: Wechselgröße und ihre Kennwerte

mit der Einheit s^{-1} (nicht Hz).
Nach (3) gilt: $\omega T = 2\pi$.

- **Maximalwert** (Scheitelwert) $\hat{i}$ oder I_{max}, als Größtwert, den die Wechselgröße innerhalb einer Periode erreicht (s. Abb.1).

- **Arithmetischer Mittelwert** ($\bar{i}$ oder $\tilde{i}$):

$$\bar{i} = \frac{1}{T} \int_{t_1}^{t_1+T} i(t)\,dt \quad . \tag{4}$$

Dieser Wert hängt nicht von dem Anfangswert t_1 ab (Abb.1).
Bei „reinen" Wechselgrößen ist der arithmetische Mittelwert gleich Null und liefert somit keine quantitative Aussage. Wird dem Wechselstrom ein Gleichstrom überlagert (es entsteht ein „Mischstrom"), so gibt der arithmetische Mittelwert die Größe der Gleichstromkomponente an.

- **Effektivwert** I (oder I_{eff}) ist der quadratische, zeitliche Mittelwert:

$$\boxed{I = \sqrt{\frac{1}{T} \int_{t_1}^{t_1+T} i^2(t)\,dt} \quad > 0} \quad . \tag{5}$$

Der Effektivwert eines Wechselstromes hat eine physikalische Bedeutung: es ist der Wechselstrom, der dieselben Wärmeverluste in einem Widerstand während einer Periode verursacht, wie ein Gleichstrom mit demselben Betrag I (weil $P = R\,I^2$ ist).

- **Scheitelfaktor** ξ und **Formfaktor** F

$$\boxed{\xi = \frac{\hat{i}}{I}} \quad , \quad \boxed{F = \frac{I}{|\overline{i}|}} \ . \tag{6}$$

1.2.2　Sinusgrößen

Eine Sinusgröße ist ein Sonderfall der Wechselgrößen. Der Augenblickswert einer Sinusgröße ändert sich nach einer Sinusfunktion (Abb.2a):

$$i(t) = I_{max}\,\sin(\omega t) \quad (2\pi = \omega T) \ .$$

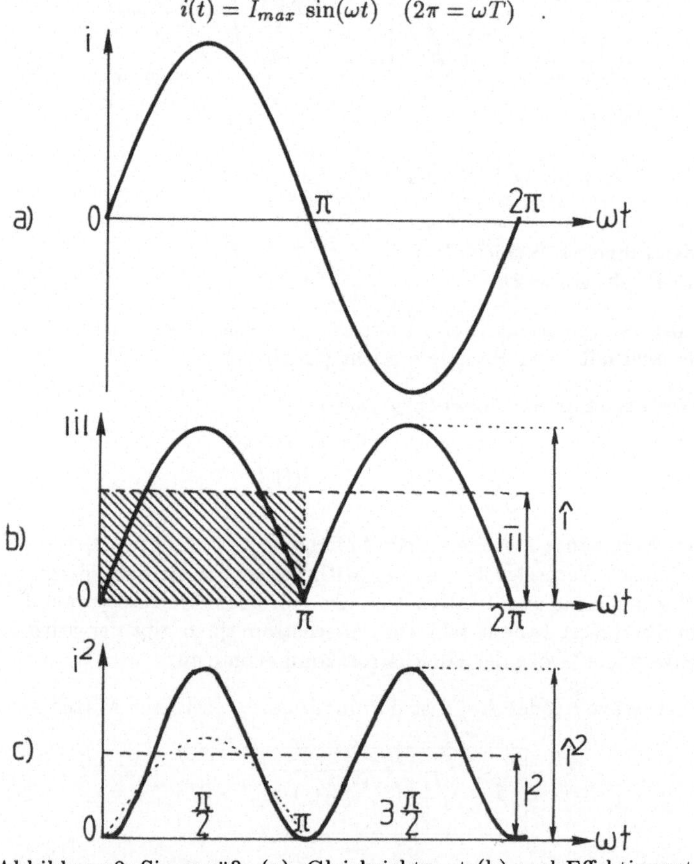

Abbildung 2: Sinusgröße (a), Gleichrichtwert (b) und Effektivwert (c)

Häufig wird der zeitliche sinusförmige Verlauf nicht über t, sondern über die Verhältnisgröße ωt aufgetragen (siehe Abb.2).

Die Mittelwerte einer Sinusfunktion sind:

- **Arithmetischer Mittelwert**: stets gleich Null, siehe Abb.2a: die obere
  – positive – Fläche unter der Kurve und die untere – negative – Fläche sind
  gleich groß.

- **Gleichrichtwert** (Abb.2b). Wenn der Sinusstrom mit Hilfe eines Gleich-
  richters gleichgerichtet wird, dann weisen beide Halbschwingungen dieselbe
  Stromrichtung auf und man kann einen Gleichrichtwert definieren:

$$\mid \bar{i} \mid = \frac{1}{T} \int_0^T \mid i \mid dt \quad . \tag{7}$$

Löst man das Integral für eine Sinusfunktion mit dem Scheitelwert $\hat{i}$ auf, so
ergibt sich:

$$\frac{\mid \bar{i} \mid}{\hat{i}} = \frac{2}{\pi} = 0,6366 \quad .$$

- **Effektivwert**:
  Nach der Definition (5) ergibt sich für die Sinusfunktion:

$$
\begin{aligned}
I^2 &= \frac{1}{T} \int_0^T i^2 \, dt = \frac{I_{max}^2}{T} \int_0^T \sin^2 \omega t \, dt \\
&= \frac{I_{max}^2}{2T} \int_0^T (1 - \cos 2\omega t) \, dt = \frac{I_{max}^2}{2T} \int_0^T dt = \frac{I_{max}^2}{2} \quad .
\end{aligned}
$$

$$\boxed{I = \frac{I_{max}}{\sqrt{2}}} \quad , \quad \boxed{I_{max} = \sqrt{2}\, I} \quad . \tag{8}$$

Nach den Definitionen (6) ist der Scheitelfaktor eine Sinusfunktion $\xi = 1,414$ und
der Formfaktor $F = 1,11$.
Ganz allgemein muß eine Sinusfunktion nicht zum Zeitpunkt t=0 durch Null gehen,
sodaß die allgemeine Form der hier untersuchten Funktionen die folgende ist:

$$\boxed{i(t) = I_{max} \sin(\omega t + \varphi_0) = I\sqrt{2} \sin(\omega t + \varphi_0)} \quad . \tag{9}$$

Eine Sinusfunktion ist durch drei konstante Parameter gekennzeichnet:

Amplitude $I_{max} > 0$, **Kreisfrequenz** $\omega > 0$, **Nullphasenwinkel** $\varphi_0 \gtrless 0$.

Der Nullphasenwinkel φ_0 ist offensichtlich der Wert des *Phasenwinkels* $(\omega t + \varphi_0)$
im Zeitpunkt t=0.

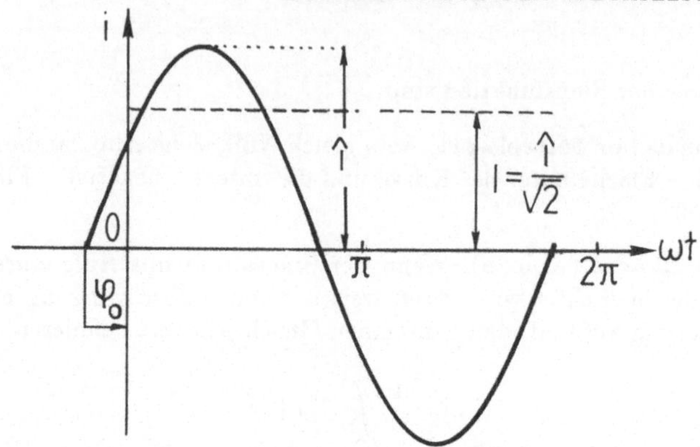

Abbildung 3: Zeitlicher Verlauf einer Sinusfunktion (Liniendiagramm)

Auf das Vorzeichen des Nullphasenwinkels ist streng zu achten !

Er ist eine gerichtete Größe und wird durch einen Pfeil gekennzeichnet. Um den Nullphasenwinkel aus dem Zeitdiagramm abzulesen, muß man den Winkelpfeil vom positiven Nulldurchgang aus zur Ordinatenachse richten (die Pfeilspitzen müssen stets an der Ordinatenachse liegen). φ_0 wird dann positiv angegeben, wenn sein Pfeil in Richtung der positiven Winkelzählrichtung weist (wie auf Abb.3), bzw. negativ bei entgegengesetzter Richtung.

Wichtiger als der Nullphasenwinkel ist in der Wechselstromtechnik die *Phasenverschiebung* (Phasenwinkel φ) zwischen zwei Sinusfunktionen.

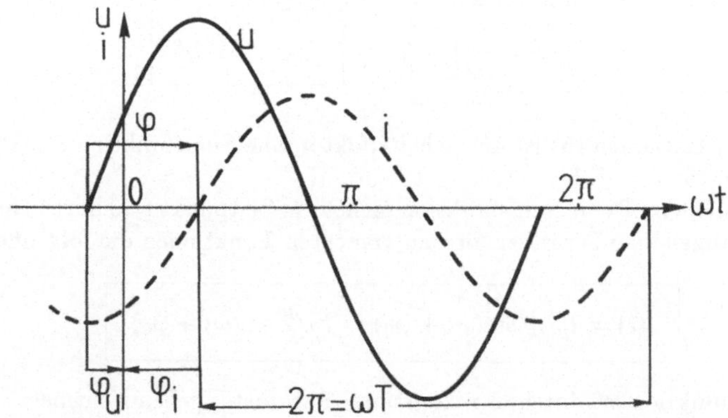

Abbildung 4: Zeitlicher Verlauf von Strom i und Spannung u bei einem Phasenwinkel φ

Der Phasenwinkel φ ergibt sich als Differenz der Nullphasenwinkel (auf Abb.4:

φ_u und φ_i):

$$\varphi = \varphi_u - \varphi_i$$

Es ist fest vereinbart (DIN 40110), daß der *Phasenwinkel φ stets zwischen Strom i und Spannung u* gemessen wird (also mit i als Bezugsgröße).
Für die Abb.4, auf der als Beispiel $\varphi_i = -\frac{\pi}{3}$ und $\varphi_u = \frac{\pi}{6}$ gilt, kann man also gleichwertig sagen:

- der Phasenwinkel φ beträgt:

$$\varphi = \varphi_u - \varphi_i = \frac{\pi}{6} - (-\frac{\pi}{3}) = \frac{\pi}{2}$$

- der Strom i eilt der Spannung u um 90° *nach*

- die Spannung u eilt dem Strom i um 90° *vor*.

Beispiel 1.1:

Welche Zeitfunktionen definieren die abgebildeten Sinusfunktionen ?

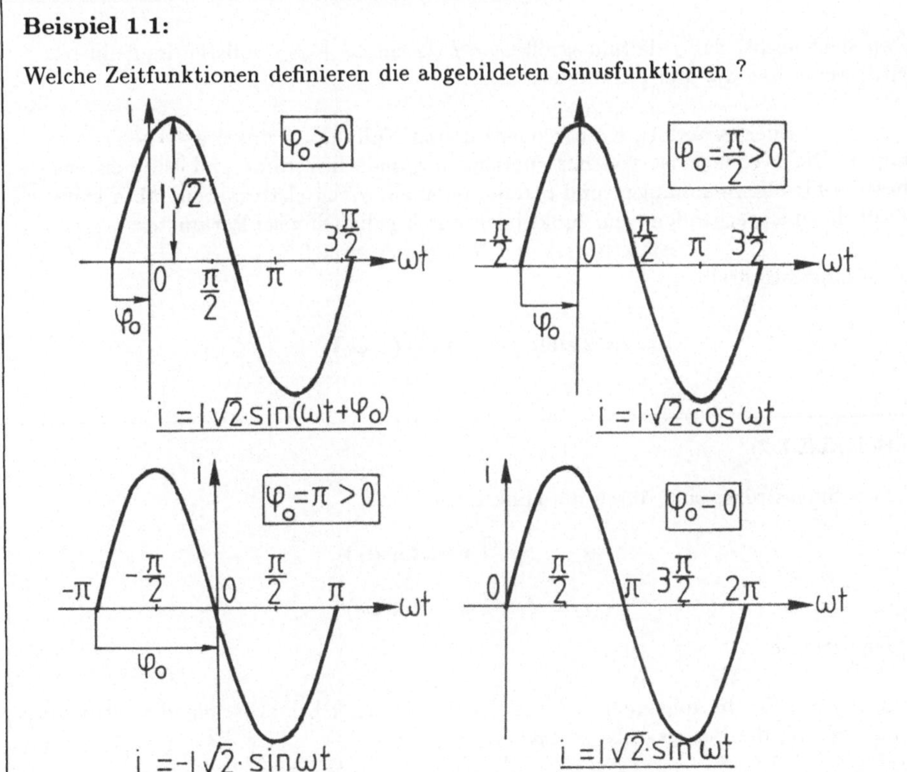

Fortsetzung Beispiel 1.1:

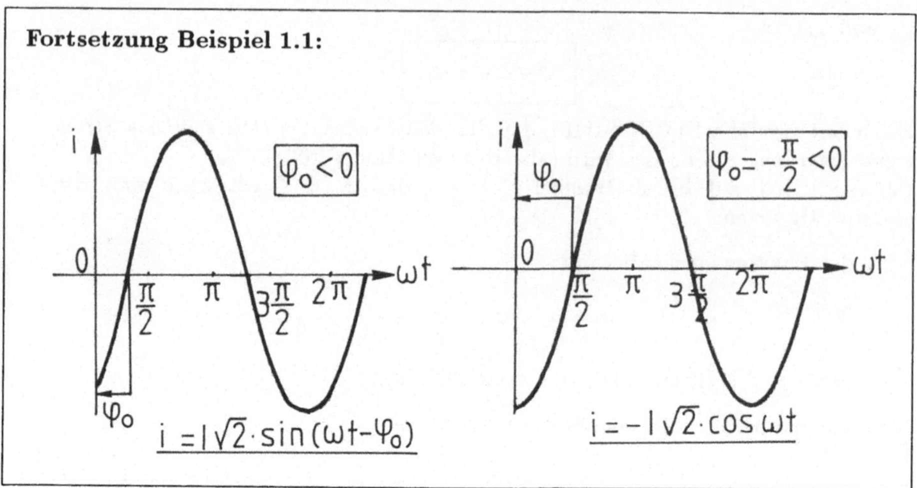

Man sieht leicht, daß jede Sinusgröße $i = I\sqrt{2}\sin(\omega t + \varphi_0)$ vollständig definiert wird, wenn man die drei Parameter:

Effektivwert I , Kreisfrequenz ω und Nullphasenwinkel φ_0

angibt. Die Frequenz ist von der speisenden Quelle bestimmt und ist meistens dieselbe für alle Spannungen und Ströme in einem Wechselstromkreis. Man kann somit die entsprechenden Sinusfunktionen durch lediglich *zwei* Parameter:

Effektivwert und Nullphasenwinkel

vollständig beschreiben:

$$i = I\sqrt{2}\sin(\omega t + \varphi_0) \leftrightarrow (I, \varphi_0) \quad .$$

Beispiel 1.2:

Zwei Sinusströme sind durch die Funktionen:

$$i_1 = I_1\sqrt{2}\sin(\omega t + \varphi_1)$$

$$i_2 = I_2\sqrt{2}\sin(\omega t + \varphi_2)$$

definiert.

Geben Sie für die folgenden 6 Fälle den Phasenwinkel φ zwischen den Strömen an, wenn i_2 die Bezugsgröße ist ($\varphi = \varphi_1 - \varphi_2$).

Fortsetzung Beispiel 1.2:

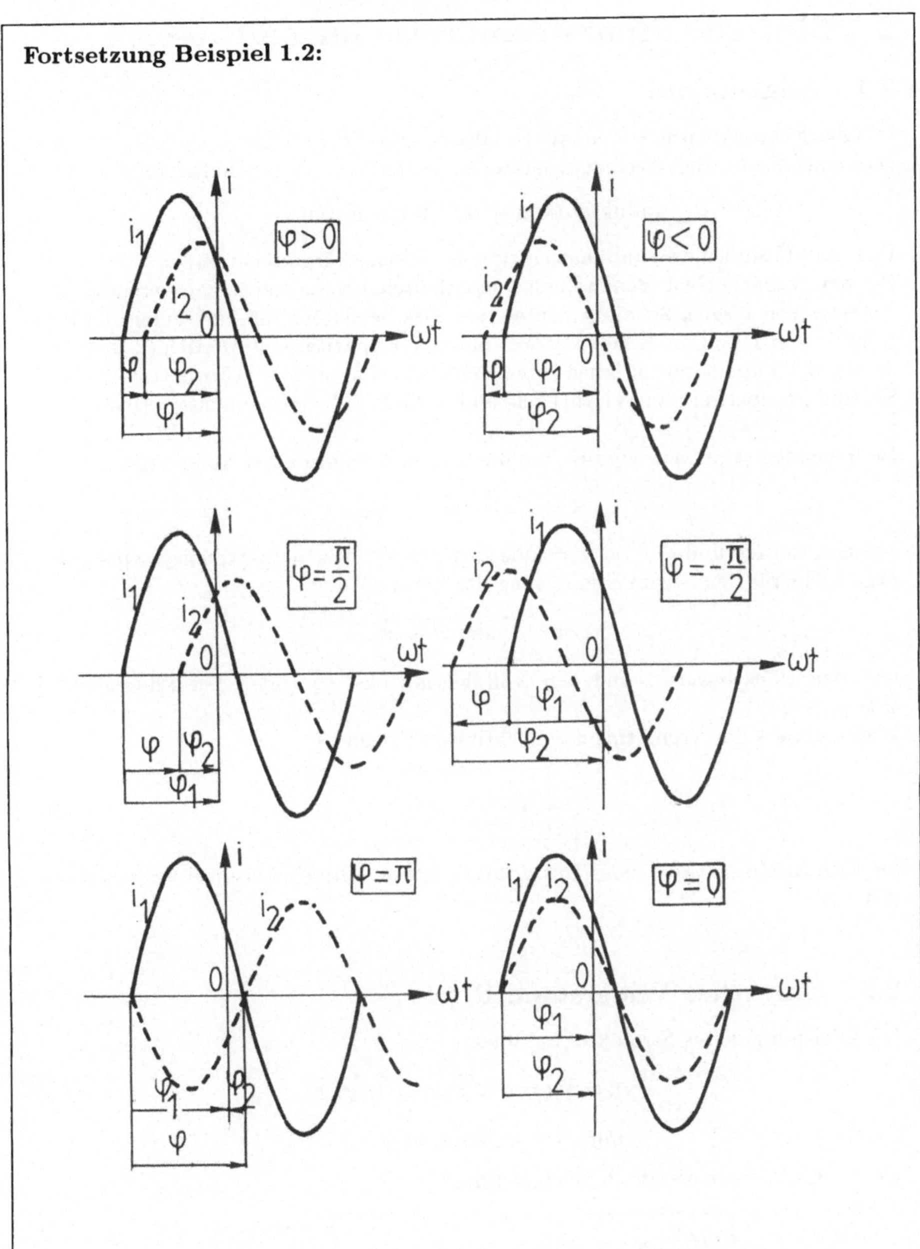

2   Einfache Sinusstromkreise im Zeitbereich

2.1   Allgemeines

In Gleichstromkreisen treten als Schaltelemente (neben Quellen) lediglich Widerstände R auf. Bei Wechselstromkreisen treten noch zwei Schaltelemente auf:

$$\text{Induktivitäten L und Kapazitäten C.}$$

R, L und C sind die Grundbauelemente der Wechselstromtechnik.

Bei der rechnerischen Behandlung von Schaltelementen geht man vereinfachenderweise von *idealen* Schaltelementen aus. Das bedeutet, daß die Spulen nur eine Induktivität L und die Kondensatoren nur eine Kapazität C aufweisen (keinen Widerstand R) und somit in ihnen keine elektrische Energie als Wärme verlorengeht. Sie sind „verlustfrei". In Wirklichkeit sind auch diese Schaltelemente verlustbehaftet.

Im folgenden setzt man voraus, daß die Stromkreise mit einer Spannung:

$$u = U \sqrt{2} \sin(\omega t + \varphi_u)$$

gespeist werden und daß die Vereinbarung des Verbraucherzählpfeilsystems gilt.

Man sucht für den Strom eine Lösung der Form:

$$i = I \sqrt{2} \sin(\omega t + \varphi_i) \ ,$$

also den Effektivwert I und den Nullphasenwinkel φ_i (oder den Phasenwinkel $\varphi = \varphi_u - \varphi_i$).

Man definiert das Verhältnis der Effektivwerte U und I:

$$\boxed{Z = \tfrac{U}{I} > 0} \tag{10}$$

als **Scheinwiderstand** (oder **Impedanz**), mit der Dimension eines Widerstandes (Ω).

2.2   Ohmscher Widerstand R

Die Gleichung dieses Stromkreises lautet:

$$u = R\,i = U \sqrt{2} \sin(\omega t + \varphi_u) \tag{11}$$

$$\text{mit} \quad i = I \sqrt{2} \sin(\omega t + \varphi_i) \ .$$

Durch Koeffizientenvergleich gewinnt man:

$$\boxed{\tfrac{U}{I} = Z_R = R} \quad ; \quad \varphi_u = \varphi_i \ \Rightarrow \ \boxed{\varphi_R = 0} . \tag{12}$$

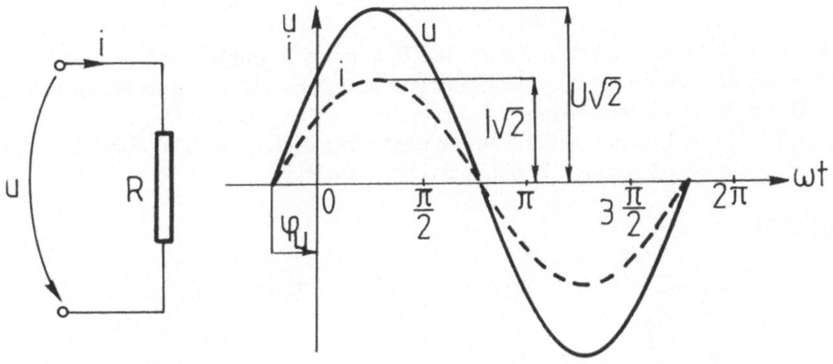

Abbildung 5: Spannung und Strom eines ohmschen Widerstandes

Der Strom durch einen ohmschen Widerstand, der an Sinusspannung liegt, ist proportional zu der angelegten Spannung und mit ihr phasengleich (Abb.5).

2.3   Zusammenhang zwischen Strom und Spannung bei Induktivitäten und Kapazitäten

In Gleichstromkreisen treten, vom energetischen Standpunkt aus gesehen, zwei Arten von Schaltelementen auf:

- Energiequellen (Spannungs- oder Stromquellen)

- Energieverbraucher (ohmsche Widerstände).

Die ohmschen Widerstände R *verbrauchen* die ihnen zugeführte Leistung

$$P = R \cdot I^2$$

(Energie/Sekunde), indem sie diese elektrische Leistung irreversibel in Wärme umwandeln. In Widerständen wird keine Energie *gespeichert*, sondern lediglich verbraucht.

Demgegenüber können in Stromkreisen, in denen die Ströme und Spannungen nicht mehr zeitlich konstant sind, wie u.a. in Sinusstromkreisen, zwei andere Schaltelemente auftreten, in denen elektromagnetische Energie *gespeichert* werden kann:

- Induktivitäten L als Speicher von magnetischer Energie W_m

- Kapazitäten C als Speicher von elektrischer Energie W_e.

Der Zusammenhang zwischen Strom und Spannung in Induktivitäten und Kapazitäten ergibt sich direkt aus den Grundgesetzen der elektromagnetischen Felder, den Maxwellschen Gleichungen.
Hier sollte dieser Zusammenhang aus energetischen Betrachtungen abgeleitet werden, ohne die Maxwellschen Gleichungen heranzuziehen.

Induktivitäten L.

Als typisches Beispiel für eine Induktivität soll eine Spule betrachet werden.

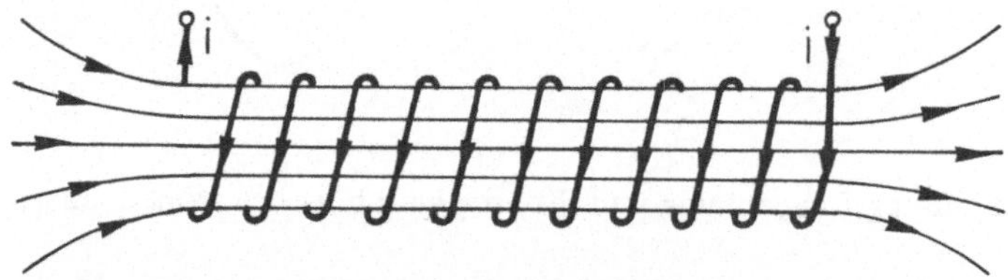

Fließt durch die Spule ein Strom, so wird innerhalb der Spule ein Magnetfeld erzeugt, dessen Feldlinien auf dem Bild skizziert dargestellt sind.
Der Aufbau des Magnetfeldes in der Spule erfordert eine gewisse Energiemenge, die der Energiequelle, die den Strom i erzeugt, entnommen wird. Diese Energie wird jedoch, im Gegensatz zu den ohmschen Widerständen, nicht *verbraucht*, sondern sie bleibt im Magnetfeld der Spule gespeichert, solange der Strom fließt.

Die Magnetenergie einer Spule ist proportional i^2 und hat den Ausdruck:

$$W_m = \frac{1}{2} \cdot L \cdot i^2 \quad , \tag{13}$$

wo i der Strom durch die Spule und L eine Kenngröße der Spule ist, die Induktivität genannt wird.
Eine ähnliche Formel kennt man aus der Mechanik. Die kinetische Energie eines Körpers der Masse m ist:

$$W_{kin} = \frac{1}{2} \cdot m \cdot v^2 \quad , \tag{14}$$

wo v die Geschwindigkeit des Körpers bedeutet. Die Masse m ist ein Maß für die Trägheit, die der Körper der Änderung seiner Geschwindigkeit entgegensetzt. Die Geschwindigkeit v eines Körpers kann sich nicht sprunghaft ändern, weil die Masse m entgegenwirkt. In Analogie mit der Mechanik kann man die Induktivität L als ein Maß für die elektromagnetische „Trägheit", die die Spule der Änderung des Stromes i entgegensetzt, betrachten. Anders ausgedrückt: In einer Spule kann sich der Strom i nicht sprunghaft ändern (wie in einem ohmschen Widerstand), weil die Induktivität L eine gewisse Verzögerung bewirkt.

Die in der Spule gespeicherte Energie W_m, die der Quelle entnommen wurde, kann
einem Verbraucherwiderstand R abgegeben werden, z.B. wie in einer auf dem nächsten Bild dargestellen Schaltung, wenn man den Schalter S öffnet.

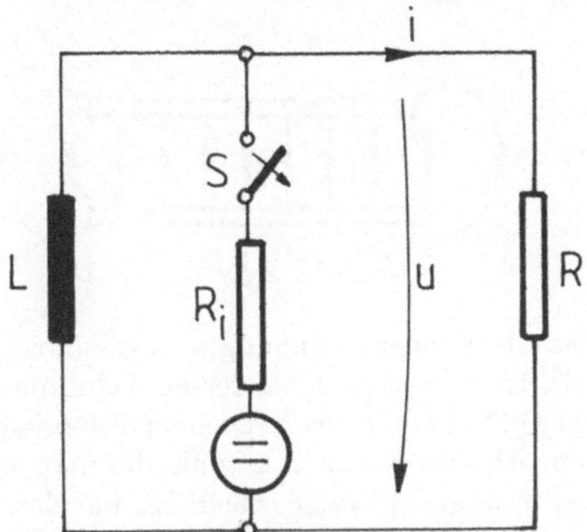

Die von der Induktivität L an den Widerstand R abgegebene Energie pro Zeitein-
heit ist gleich der Leistung $P = R \cdot i^2 = u \cdot i$ am Widerstand.
Mathematisch ausgedrückt heißt es:

$$\frac{dW_m}{dt} = u \cdot i$$

und weiter:

$$\frac{1}{2}L \cdot 2i\frac{di}{dt} = L \cdot i\frac{di}{dt} = u \cdot i$$

Daraus ergibt sich der Zusammenhang zwischen Klemmenstrom i und Klemmenspannung u bei einer Induktivität L:

$$\boxed{u = L \cdot \frac{di}{dt}} \quad , \tag{15}$$

wenn das Verbraucher–Zählpfeilsystem benutzt wird. Auch diese Formel besagt,
daß der Strom i sich nicht sprunghaft ändern kann, denn sonst wäre seine Ableitung
und somit die Klemmenspannung u, unendlich groß. Die Formel zeigt auch, daß
wenn der Strom i konstant ist, also seine Ableitung gleich Null, die Spannung
an der Induktivität gleich Null wird. Bei Gleichstrom ($i = konst.$) wirkt eine
Induktivität wie ein *Kurzschluß*, sie hat also für den Stromkreis keine Bedeutung.
Die Einheit für die Induktivität ergibt sich aus der Spannungsgleichung (15):

$$[L] = \frac{[U] \cdot [t]}{[I]} = \frac{Vs}{A} = Henry \quad .$$

Kapazitäten C.

Als typisches Beispiel für eine Kapazität soll ein Plattenkondensator betrachtet werden.

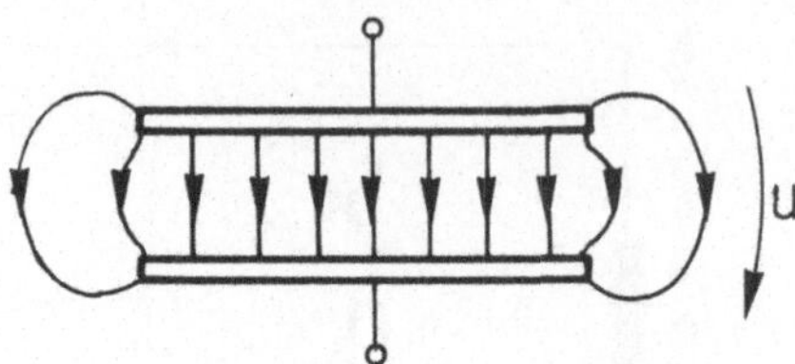

Wird der Kondensator an einer Spannung u angeschlossen, so erscheint zwischen den Platten ein elektrostatisches Feld, dessen Feldlinien auf dem Bild skizziert wurden. Um dieses Feld aufzubauen, muß einer Energiequelle elektrische Energie entnommen werden. Ähnlich wie in der Spule die magnetische, wird im Kondensator die elektrische Energie W_e *gespeichert*. W_e hat den Ausdruck:

$$W_e = \frac{1}{2} \cdot C \cdot u^2 \quad , \tag{16}$$

wo u die Spannung an den Klemmen des Kondensators und C eine Kenngröße, genannt Kapazität, bedeutet.

Die Analogie mit der kinetischen Energie $W_{kin} = \frac{1}{2} \cdot m \cdot v^2$ ist wieder auffallend. Somit kann man auch hier die Kapazität C als eine „Trägheit" interpretieren, mit der sich der Kondensator der Änderung seiner Klemmenspannung u widersetzt. Oder: Die Spannung u an einem Kondensator kann sich nicht sprunghaft ändern, denn seine Kapazität C bewirkt eine gewisse Verzögerung.

Die in einem Kondensator C gespeicherte elektrische Energie kann einem Verbraucherwiderstand R abgegeben werden, wenn C und R zusammengeschaltet werden, wie z.B. auf der nächsten Schaltung, durch Öffnen des Schalters S:

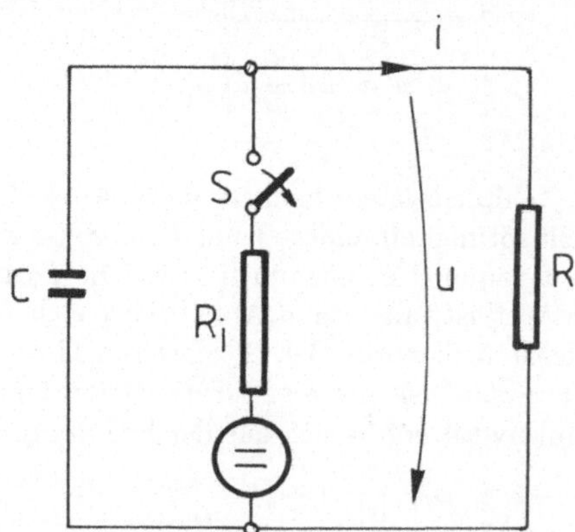

Wenn durch den Widerstand R ein Strom i fließt, so wird in ihm eine Leistung $P = u \cdot i$ verbraucht, die dem Kondensator entnommen wird. Dessen elektrische Energie W_e ändert sich mit der Zeit und es gilt:

$$\frac{dW_e}{dt} = u \cdot i$$

$$\frac{1}{2} \cdot C \cdot 2u\frac{du}{dt} = u \cdot i$$

$$\boxed{i = C \cdot \frac{du}{dt}} \quad , \tag{17}$$

wenn wieder das Verbraucher–Zählpfeilsystem benutzt wird. Diese Formel besagt erneut, daß die Spannung u an einer Kapazität sich nicht sprunghaft ändern kann, denn sonst wäre der Strom i unendlich groß, was energetisch nicht möglich ist.
Eine andere Schlußfolgerung der obigen Formel ist, daß bei konstanter Spannung u der Strom i gleich Null wird. Bei einer Gleichspannung ($u = konst$) wirkt die Kapazität wie eine *Unterbrechung* des Stromkreises.
Die Einheit für die Kapazität C ergibt sich als:

$$[C] = \frac{[I] \cdot [t]}{[U]} = \frac{As}{V} = Farad.$$

2.4 Ideale Induktivität L

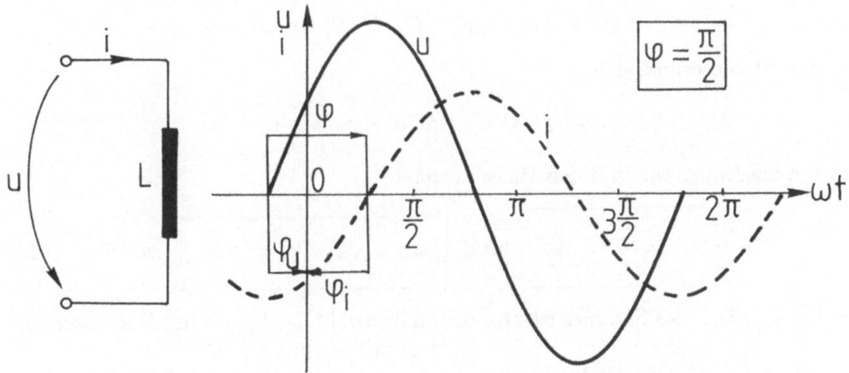

Abbildung 6: Spannung und Strom einer idealen Induktivität

Die Gleichung des Kreises lautet nach (15) jetzt:

$$u = L\,\frac{di}{dt} = U\,\sqrt{2}\,\sin(\omega t + \varphi_u) \quad . \tag{18}$$

Wenn wieder $i = I\,\sqrt{2}\,\sin(\omega t + \varphi_i)$ ist, so wird:

$$L\,\frac{di}{dt} = L\,I\,\sqrt{2}\,\omega\,\cos(\omega t + \varphi_i) = L\,\omega\,I\,\sqrt{2}\,\sin(\omega t + \varphi_i + \frac{\pi}{2}) \quad .$$

Durch Vergleich der Koeffizienten ergibt sich:

$$\boxed{Z_L = \frac{U}{I} = L\,\omega} \qquad \boxed{\varphi_L = \varphi_u - \varphi_i = \frac{\pi}{2}} \quad . \tag{19}$$

Der Strom durch die Induktivität ist:

$$i = \frac{U}{\omega L}\,\sqrt{2}\,\sin(\omega t + \varphi_u - \frac{\pi}{2}) \quad . \tag{20}$$

Liegt eine ideale Induktivität an einer Sinusspannung, so ist der Effektivwert des Stromes proportional der Spannung und umgekehrt proportional der Kreisfrequenz ω. Der Strom eilt der Spannung *um 90° nach*.
Die Impedanz der idealen Spule ist proportional der Kreisfrequenz (19): Bei großen Frequenzen wirkt die Spule wie eine Unterbrechung des Stromkreises, bei kleinen Frequenzen wie ein Kurzschluß.

2.5　Idealer Kondensator C

Die Gleichung des Kreises ist nach (17):

$$\begin{aligned} i &= C\,\frac{du}{dt} = C\,\frac{d}{dt}\,[U\,\sqrt{2}\,\sin(\omega t + \varphi_u)] \quad . \\ i &= I\,\sqrt{2}\,\sin(\omega t + \varphi_i) = C\,\omega\,U\,\sqrt{2}\,\cos(\omega t + \varphi_u) \quad . \end{aligned} \tag{21}$$

Für den Strom ergibt sich:

$$i = \omega\,C\,U\,\sqrt{2}\,\sin(\omega t + \varphi_u + \frac{\pi}{2}) \tag{22}$$

und für die Impedanz und den Phasenwinkel:

$$\boxed{Z_C = \frac{U}{I} = \frac{1}{\omega C}} \quad und \quad \boxed{\varphi_C = \varphi_u - \varphi_i = -\frac{\pi}{2}} \quad . \tag{23}$$

Der Effektivwert des Stromes ist proportional sowohl der Spannung U als auch der Kreisfrequenz ω. Der Strom eilt der angelegten Spannung *um 90° voraus*.
Bei hohen Frequenzen wirkt der Kondensator wie ein Kurzschluß, bei niedrigen Frequenzen wie eine Unterbrechung des Stromkreises. Ein Gleichstrom kann somit nicht durch einen Kondensator fließen.

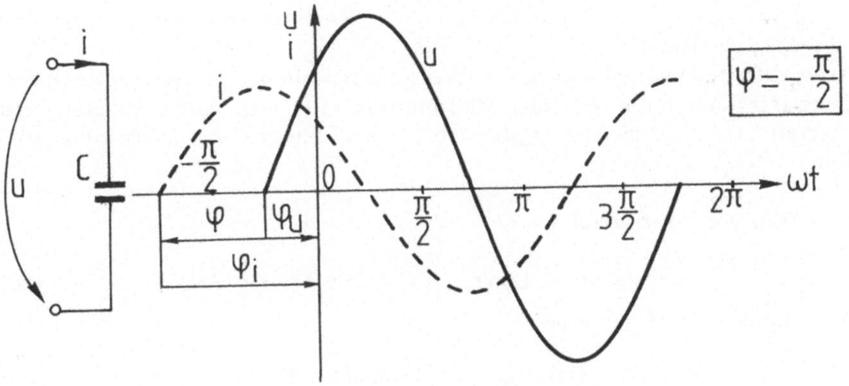

Abbildung 7: Spannung und Strom eines idealen Kondensators

2.6 Ohmsches Gesetz bei Wechselstrom

Das Ohmsche Gesetz bei Gleichstrom:

$$U = R\,I \tag{24}$$

bestimmt eindeutig den Zusammenhang zwischen Spannung und Strom.
Bei sinusförmigen Wechselspannungen braucht man *zwei Größen* um den Zusammenhang zwischen U und I eindeutig zu beschreiben:

1. Den Quotienten $\frac{U}{I} = Z$ (der Scheinwiderstand oder die Impedanz), der zwar die Dimension eines Widerstandes, doch nicht die gleiche physikalische Bedeutung hat. (Wie man bei Abschn.2.4 und Abschn.2.5 gesehen hat, ist Z allgemein eine Funktion der Kreisfrequenz ω.)

2. Die Phasenverschiebung $\varphi = \varphi_u - \varphi_i$.

Das Ohmsche Gesetz gilt auch für Wechselstrom, wenn man die als Scheinwiderstand (Impedanz) Z definierte Größe einführt *und* die Phasenverschiebung zwischen Strom und Spannung berücksichtigt.

2.7 Die Kirchhoffschen Sätze für Wechselstromkreise

Die aus der Gleichstromtechnik bekannten Kirchhoffschen Gleichungen beziehen sich auf die Summe der Ströme in einem Knoten (Knotengleichungen) und auf die Summe der Teilspannungen in einem geschlossenen Umlauf (Maschengleichungen). Die Summen müssen für alle Zeitaugenblicke gleich Null sein.
Um sie bei Wechselstromkreisen anzuwenden, müssen Sinusgrößen addiert werden.

Es soll im folgenden eine Zusammenfassung der **Rechenregeln für Sinusgrößen** angegeben werden.

Das wichtigste Merkmal aller in der Wechselstromtechnik interessierenden Operationen mit Sinusgrößen: Addition, Multiplikation mit einem Skalar, Ableitung und Integration ist, daß die sich ergebenden Größen Sinusgrößen *derselben* Frequenz sind.

Addition von Sinusgrößen

Sei es:

$$i_1 = I_1 \sqrt{2} \sin(\omega t + \varphi_1) \quad , \quad i_2 = I_2 \sqrt{2} \sin(\omega t + \varphi_2) \quad . \tag{25}$$

Die Summe ist die Sinusgröße

$$i = i_1 + i_2 = I \sqrt{2} \sin(\omega t + \varphi) \quad . \tag{26}$$

Um I und φ zu bestimmen, setzt man (25) in (26) ein und vergleicht die Koeffizienten. Das Additionstheorem ergibt:

$$\begin{aligned}
i_1 + i_2 &= I_1 \sqrt{2} \sin \omega t \cos \varphi_1 + I_1 \sqrt{2} \cos \omega t \sin \varphi_1 + \\
&\quad + I_2 \sqrt{2} \sin \omega t \cos \varphi_2 + I_2 \sqrt{2} \cos \omega t \sin \varphi_2 \\
&= I \sqrt{2} \sin \omega t \cos \varphi + I \sqrt{2} \cos \omega t \sin \varphi \quad .
\end{aligned}$$

Durch Koeffizientenvergleich ergeben sich zwei Beziehungen:

$$\begin{aligned}
I_1 \cos \varphi_1 + I_2 \cos \varphi_2 &= I \cos \varphi \\
I_1 \sin \varphi_1 + I_2 \sin \varphi_2 &= I \sin \varphi \quad .
\end{aligned}$$

Der Phasenwinkel φ ergibt sich durch Division der beiden Gleichungen:

$$\tan \varphi = \frac{I_1 \sin \varphi_1 + I_2 \sin \varphi_2}{I_1 \cos \varphi_1 + I_2 \cos \varphi_2} \quad . \tag{27}$$

Den Effektivwert I^2 kann man durch Addition der Quadrate der beiden Gleichungen erzielen:

$$\begin{aligned}
I^2 &= (I_1 \cos \varphi_1 + I_2 \cos \varphi_2)^2 + (I_1 \sin \varphi_1 + I_2 \sin \varphi_2)^2 \\
&= I_1^2 + I_2^2 + 2 I_1 I_2 (\cos \varphi_1 \cos \varphi_2 + \sin \varphi_1 \sin \varphi_2)
\end{aligned}$$

$$I = \sqrt{I_1^2 + I_2^2 + 2 I_1 I_2 \cos(\varphi_1 - \varphi_2)} \quad . \tag{28}$$

Man kann mit dem gleichen Rechnungsgang nachweisen, daß im Falle von n Sinusgrößen gleicher Frequenz die Summe den folgenden Effektivwert:

$$I = \sqrt{\sum_{\nu=1}^{n} I_\nu^2 + \sum_{\nu \neq \mu} I_\nu I_\mu \cos(\varphi_\nu - \varphi_\mu)} \tag{29}$$

und den folgenden Phasenwinkel:

$$\tan \varphi = \frac{\sum_{\nu=1}^{n} I_\nu \, \sin \varphi_\nu}{\sum_{\nu=1}^{n} I_\nu \, \cos \varphi_\nu} \tag{30}$$

aufweist.

Multiplikation mit einem Skalar

Durch Multiplikation einer Sinusgröße mit einem konstanten Skalar $\lambda \gtrless 0$ ergibt sich eine Sinusgröße derselben Frequenz und mit demselben Nullphasenwinkel. Der Effektivwert wird mit λ multipliziert:

$$i = \lambda\, i_1 = \lambda\, I_1 \, \sqrt{2}\, \sin(\omega t + \varphi_1) = I \, \sqrt{2}\, \sin(\omega t + \varphi)$$

$$\text{mit} \quad I = \lambda\, I_1 \quad , \quad \varphi = \varphi_1 \, . \tag{31}$$

Ableitung einer Sinusgröße nach der Zeit

Es ergibt sich eine Sinusgröße derselben Frequenz, die der ursprünglichen um $\frac{\pi}{2}$ *voreilt* und deren Effektivwert ω *mal größer* ist: Wenn $i = I \, \sqrt{2}\, \sin(\omega t + \varphi_i)$ ist, so wird:

$$\frac{di}{dt} = I \, \sqrt{2}\, \omega \, \cos(\omega t + \varphi_i) = \omega\, I \, \sqrt{2}\, \sin\!\left(\omega t + \varphi_i + \frac{\pi}{2}\right) \quad . \tag{32}$$

Integration einer Sinusgröße

Es ergibt sich eine Sinusgröße derselben Frequenz, die der ursprünglichen um $\frac{\pi}{2}$ *nacheilt* und deren Effektivwert ω *mal kleiner* ist.
Für $i = I \, \sqrt{2}\, \sin(\omega t + \varphi_i)$ wird:

$$\int i \, dt = - \frac{I \, \sqrt{2}}{\omega} \, \cos(\omega t + \varphi_i) = \frac{I}{\omega} \, \sqrt{2}\, \sin\!\left(\omega t + \varphi_i - \frac{\pi}{2}\right) \quad . \tag{33}$$

Bemerkung: Nichtlineare mathematische Operationen, wie die Multiplikation zweier Sinusgrößen, führen *nicht* mehr zu Sinusgrößen.
So ergibt die Multiplikation zweier Sinusfunktionen:

$$\begin{aligned}
i_1 &= I_1 \, \sqrt{2}\, \sin(\omega t + \varphi_1) \\
i_2 &= I_2 \, \sqrt{2}\, \sin(\omega t + \varphi_2)
\end{aligned}$$

$$\begin{aligned}
i_1\, i_2 &= 2 I_1 I_2 \, \sin(\omega t + \varphi_1)\, \sin(\omega t + \varphi_2) \\
&= I_1 I_2 \, \cos(\varphi_1 - \varphi_2) - I_1 I_2 \, \cos(2\omega t + \varphi_1 + \varphi_2) \quad .
\end{aligned} \tag{34}$$

Das Ergebnis enthält einen konstanten Teil und einen Teil mit doppelter Frequenz.

In den Knoten und Maschen von Wechselstromnetzen müssen die Kirchhoffschen Sätze von den im gleichen Zeitpunkt auftretenden Augenblickswerten erfüllt sein. Die aus den Kirchhoffschen Gleichungen resultierenden Summen können direkt aus den Amplituden und Phasenwinkeln der einzelnen Ströme oder Spannungen (mit (29) und (30)), berechnet werden.

2.8 Schaltungen von Grundelementen

2.8.1 Reihenschaltung R und L

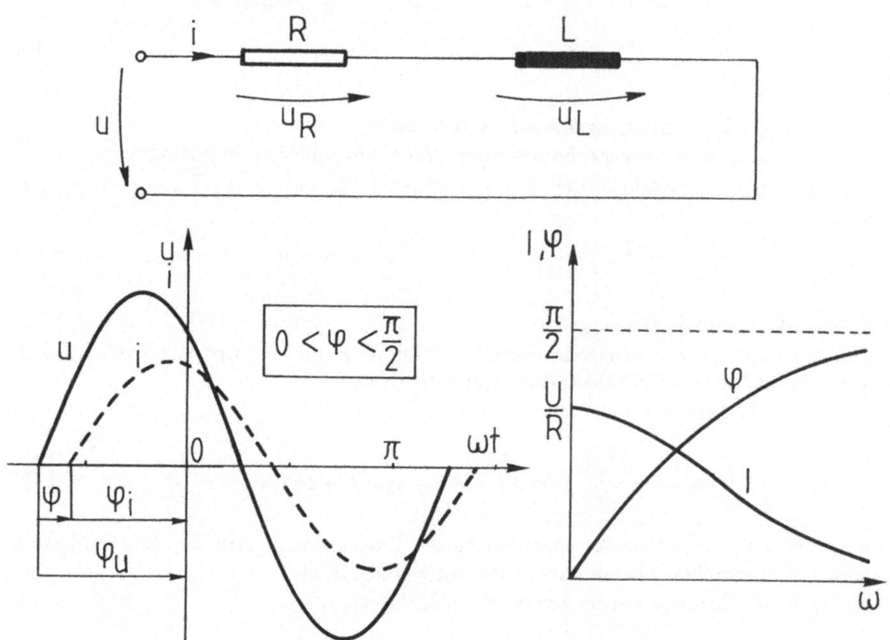

Abbildung 8: Reihenschaltung R und L

Die Gleichung dieses Stromkreises ist:

$$u = u_R + u_L$$

$$U\sqrt{2}\sin(\omega t + \varphi_u) = R\,i + L\,\frac{di}{dt} \tag{35}$$

wo $i = I\sqrt{2}\,\sin(\omega t + \varphi_i)$ sein soll. Der Spannungsabfall an der Induktivität L ist im Abschnitt 2.3 erläutert. Durch Substitution in (35) ergibt sich:

$$U\sqrt{2}\,\sin(\omega t + \varphi_u) \equiv RI\sqrt{2}\,\sin(\omega t + \varphi_i) + L\omega I\sqrt{2}\,\sin(\omega t + \varphi_i + \frac{\pi}{2}) \quad . \tag{36}$$

Diese Gleichung muß in allen Augenblicken erfüllt werden, also auch für $\omega t + \varphi_i = 0$ und $\omega t + \varphi_i = \frac{\pi}{2}$.

Mit diesen Werten ergibt die Gleichung (36) zwei Beziehungen:

$$U\,\sin(\varphi_u - \varphi_i) = L\omega I$$
$$U\,\cos(\varphi_u - \varphi_i) = RI \quad .$$

Durch Addition der Quadrate ergibt sich:

$$I = \frac{U}{\sqrt{R^2 + \omega^2 L^2}} = \frac{U}{Z} \quad \Rightarrow \quad \boxed{Z = \sqrt{R^2 + \omega^2 L^2}} \tag{37}$$

und durch Dividieren:

$$\boxed{\tan\varphi = \frac{\omega L}{R} > 0} \quad . \tag{38}$$

Der Phasenwinkel φ wird $0 < \varphi < \frac{\pi}{2}$ sein.
Der Strom ergibt sich als:

$$i = \frac{U}{\sqrt{R^2 + \omega^2 L^2}}\,\sqrt{2}\,\sin(\omega t + \varphi_u - \arctan\frac{\omega L}{R}) \quad . \tag{39}$$

Er eilt der Spannung *nach*.
Wie ändern sich I und φ mit der Frequenz ω? Der Phasenwinkel φ wächst kontinuierlich und strebt asymptotisch den Wert $\frac{\pi}{2}$ bei $\omega \to \infty$ an.
Der Effektivwert I nimmt stetig ab, von dem Maximalwert $\frac{U}{R}$ bei $\omega = 0$ bis Null bei $\omega \to \infty$ (Abb.8, rechts).

2.8.2 Reihenschaltung R und C

Hier lautet die Gleichung des Kreises:

$$u = u_R + u_C$$

$$U\sqrt{2}\,\sin(\omega t + \varphi_u) = R\,i + \frac{1}{C}\int i\,dt \quad . \tag{40}$$

Der Spannungsabfall an einer Kapazität C ist im Abschnitt 2.3 erläutert. Man sucht wieder eine Lösung der Form $i = I\sqrt{2}\,\sin(\omega t + \varphi_i)$ und setzt diese in (40) ein:

$$U\sqrt{2}\,\sin(\omega t + \varphi_u) \equiv R\,I\sqrt{2}\,\sin(\omega t + \varphi_i) + \frac{I}{\omega C}\sqrt{2}\,\sin(\omega t + \varphi_i - \frac{\pi}{2}) \quad . \tag{41}$$

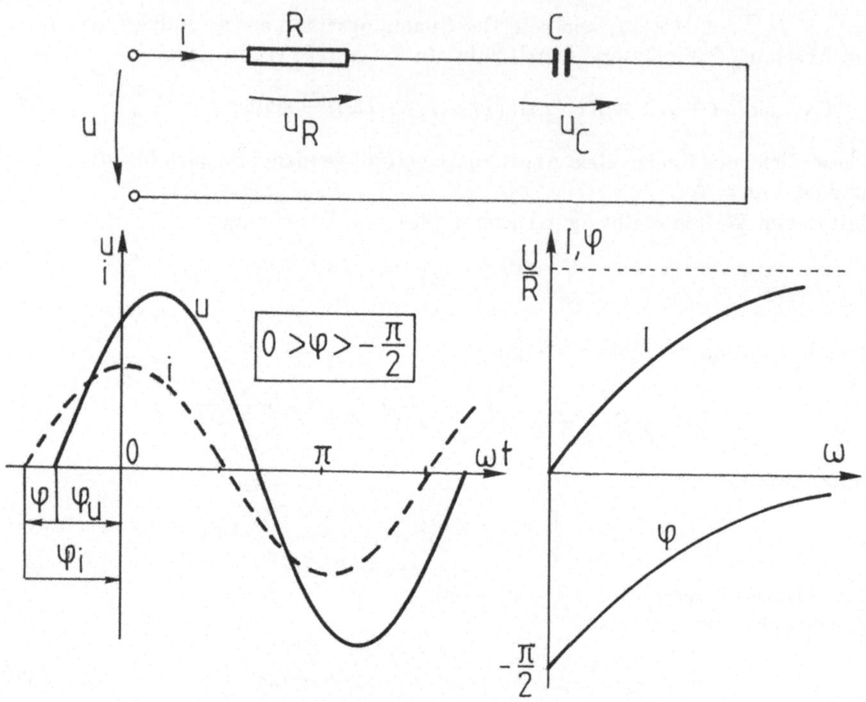

Abbildung 9: Reihenschaltung R und C

Da die Gleichung für alle Zeitaugenblicke erfüllt werden muß, gilt sie auch für:

$$\omega t + \varphi_i = 0 \quad und \quad \omega t + \varphi_i = \frac{\pi}{2} \quad .$$

Daraus ergeben sich die zwei Beziehungen:

$$U \sin(\varphi_u - \varphi_i) = -\frac{I}{\omega C}$$
$$U \cos(\varphi_u - \varphi_i) = R I \quad .$$

Die Addition der Quadrate ergibt:

$$I = \frac{U}{\sqrt{R^2 + \frac{1}{\omega^2 C^2}}} = \frac{U}{Z} \Rightarrow \boxed{Z = \sqrt{R^2 + \frac{1}{\omega^2 C^2}}} \quad . \tag{42}$$

Durch Dividieren ergibt sich:

$$\boxed{\tan\varphi = -\frac{1}{\omega RC} < 0}$$.   (43)

Der Phasenwinkel ist negativ: $0 > \varphi > -\frac{\pi}{2}$.
Für den Strom i ergibt sich der Ausdruck:

$$i = \frac{U}{\sqrt{R^2 + \frac{1}{\omega^2 C^2}}} \sqrt{2}\,\sin(\omega t + \varphi_u + \arctan\frac{1}{\omega RC})$$.   (44)

Der Strom eilt der Spannung *vor*. Sein Effektivwert nimmt stetig zu, von $I = 0$ bei $\omega = 0$ asymptotisch zu dem Wert $I = \frac{U}{R}$ bei $\omega \to \infty$ (Abb.9, rechts). Der Phasenwinkel φ fängt bei $-\frac{\pi}{2}$ an ($\omega \to 0$) und nimmt ständig ab, bis zu 0 für $\omega \to \infty$ (siehe Abb.9, rechts).

2.8.3 Reihenschaltung R, L und C

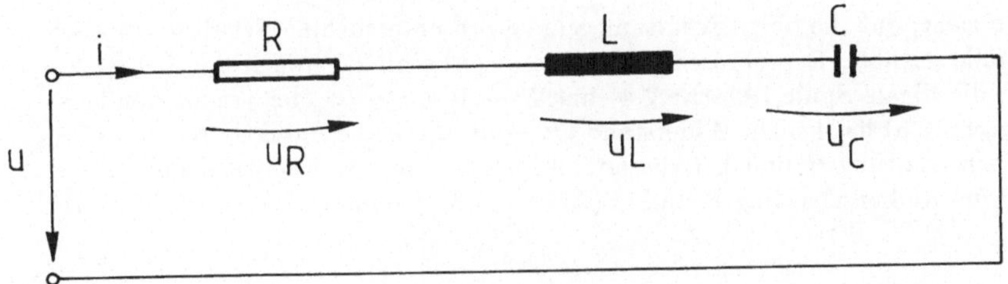

Abbildung 10: Reihenschaltung R, L und C

Die Spannungsgleichung lautet:

$$u = u_R + u_L + u_C$$

$$U\sqrt{2}\,\sin(\omega t + \varphi_u) = R\,i + L\frac{di}{dt} + \frac{1}{C}\int i\,dt$$.   (45)

Wenn der Strom die Form $i = I\sqrt{2}\,\sin(\omega t + \varphi_i)$ aufweisen soll, dann wird aus (45):

$$U\sqrt{2}\,\sin(\omega t + \varphi_u) \equiv RI\sqrt{2}\,\sin(\omega t + \varphi_i) + \omega LI\sqrt{2}\,\sin(\omega t + \varphi_i + \frac{\pi}{2}) +$$
$$+ \frac{I}{\omega C}\sqrt{2}\,\sin(\omega t + \varphi_i - \frac{\pi}{2})$$.

(46)

Man schreibt diese Gleichung wieder zweimal, für:

$$\omega t + \varphi_i = 0 \quad und \quad \omega t + \varphi_i = \frac{\pi}{2} \quad .$$

Die zwei Beziehungen sind:

$$\begin{aligned}
U \sin(\varphi_u - \varphi_i) &= (\omega L - \frac{1}{\omega C})I \\
U \cos(\varphi_u - \varphi_i) &= R\,I \ .
\end{aligned}$$

Wie vorher ergibt sich daraus:

$$I = \frac{U}{\sqrt{R^2 + (\omega L - \frac{1}{\omega C})^2}} = \frac{U}{Z} \Rightarrow \boxed{Z = \sqrt{R^2 + (\omega L - \frac{1}{\omega C})^2}} \qquad (47)$$

und:

$$\boxed{\tan \varphi = \frac{\omega L - \frac{1}{\omega C}}{R}} \quad (-\frac{\pi}{2} < \varphi < \frac{\pi}{2}) \quad . \qquad (48)$$

Man sieht, daß die obige Schaltung alle vorhin untersuchten Schaltungen als Sonderfälle enthält: Der ohmsche Widerstand (Abschn.2.2) weist $L \to 0$, $C \to \infty$ auf; die ideale Spule (Abschn.2.4) hat $R \to 0$, $C \to \infty$; der ideale Kondensator (Abschn.2.5) hat keinen Widerstand ($R \to 0$) und keine Induktivität ($L \to 0$); die Reihenschaltung R und L (Abschn.2.8.1) weist eine ∞ Kapazität auf ($C \to \infty$) und die Reihenschaltung R und C (Abschn.2.8.2) keine Induktivität ($L \to 0$).

Beispiel 2.1:

In der dargestellten Wechselstromschaltung sind die Ströme i_1 und i_2 durch die folgenden Zeitfunktionen definiert:

$$\begin{aligned}
i_1 &= \sqrt{2} \cdot 3A \sin(\omega t) \\
i_2 &= \sqrt{2} \cdot 5A \sin(\omega t - \frac{\pi}{2}) \ .
\end{aligned}$$

1. Bestimmen Sie die Zeitfunktion i(t) für den Gesamtstrom i und skizzieren Sie die Zeitdiagramme der drei Ströme.

2. Wie ändern sich die Ausdrücke der Ströme i_1 , i_2 und i, wenn der Nullphasenwinkel des Stromes i gleich Null ist? Wie sehen jetzt die Zeitdiagramme (Liniendiagramme) aus ?

Fortsetzung Beispiel 2.1:

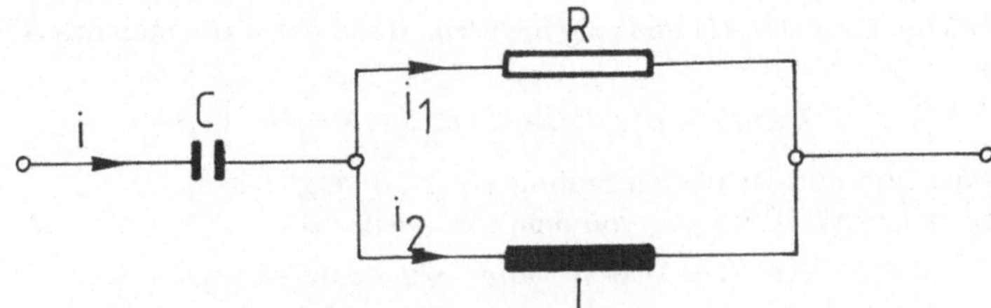

Lösung:

1. Es gilt zu addieren (Knotengleichung):

$$i = i_1 + i_2 = \sqrt{2} \cdot 3A \, \sin(\omega t) - \sqrt{2} \cdot 5A \, \cos(\omega t) \quad .$$

Die Summe wird eine Sinusgröße mit derselben Frequenz sein:

$$i = I\sqrt{2} \, \sin(\omega t + \varphi) \quad .$$

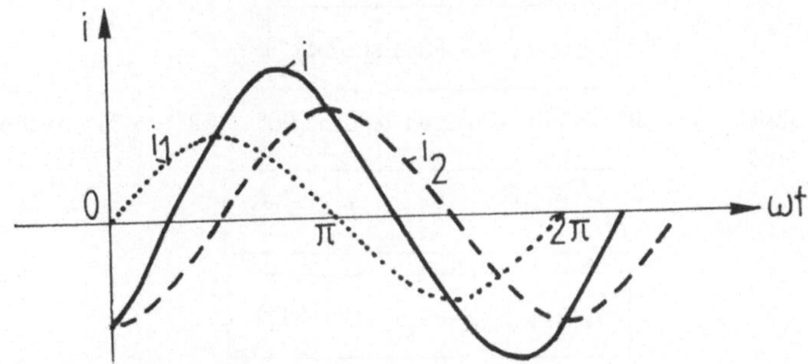

Zur Bestimmung von I und φ kann man die Formeln (27) und (28) benutzen:

$$I = \sqrt{3^2 + 5^2 + 2 \cdot 3 \cdot 5 \cos \frac{\pi}{2}} \, A = \sqrt{34} \, A$$

$$\tan \varphi = \frac{5 \sin(-\frac{\pi}{2})}{3 + 5 \cos(-\frac{\pi}{2})} = -\frac{5}{3} \Rightarrow \varphi = -59^o \quad .$$

$$\boxed{i = \sqrt{2}\,\sqrt{34}\,A \, \sin(\omega t - 59^o)} \quad .$$

Fortsetzung Beispiel 2.1:
Wenn man die Formeln (27) und (28) nicht zur Hand hat, kann man das Additionstheorem:

$$\lambda \sin(\alpha - \beta) = \lambda \sin\alpha \cos\beta - \lambda \cos\alpha \sin\beta$$

heranziehen und mit der oberen Summe $(i_1 + i_2)$ vergleichen.
Man führt einen Winkel β ein, von dem man weiß:

$$\sqrt{2} \cdot 3 = \lambda \cos\beta \quad und \quad \sqrt{2} \cdot 5 = -\lambda \sin\beta$$

$$\Rightarrow \ \tan\beta = \frac{-5}{3} \ \Rightarrow \ \beta = -59^\circ \quad .$$

Außerdem gilt:

$$\lambda = \sqrt{2}\,\sqrt{25+9} = \sqrt{2}\,\sqrt{34} \quad .$$

Es ergibt sich für i derselbe Ausdruck wie vorhin.

2. Der Strom i ist jetzt:

$$\boxed{i = \sqrt{2} \cdot 5,83\,A\,\sin(\omega t)} \quad .$$

Man weiß, daß i_1 um 59° voreilt, dagegen i_2 um $(90^\circ - 59^\circ) = 31^\circ$ nacheilt. Die Ausdrücke sind:

$$\boxed{i_1 = \sqrt{2} \cdot 3A\,\sin(\omega t' + 59^\circ)}$$

$$\boxed{i_2 = \sqrt{2} \cdot 5A\,\sin(\omega t' - 31^\circ)}$$

Die Zeitdiagramme sind um 59° verschoben:

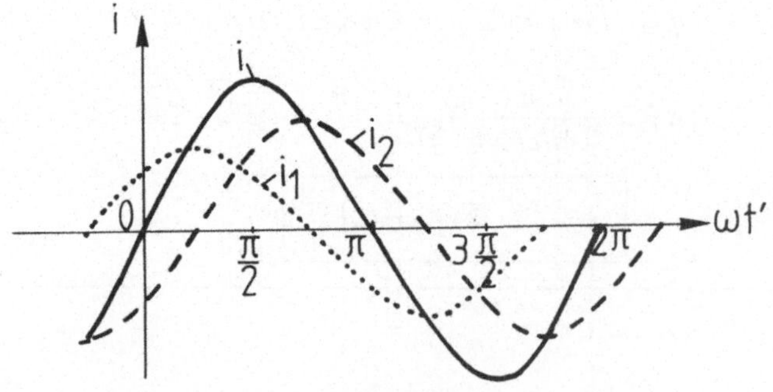

2.9 Kennwerte der Sinusstromkreise

2.9.1 Impedanz und Phasenwinkel

Ein Sinusstromkreis, der mit einer bestimmten Frequenz gespeist wird, kann durch *zwei* Parameter gekennzeichnet werden. Das Parameterpaar kann verschiedenartig definiert werden.
Sei es ein linearer, passiver Zweipol, der mit der Spannung:

$$u = U \sqrt{2} \, \sin(\omega t + \varphi_u)$$

gespeist wird.
Der Strom wird ebenfalls sinusförmig verlaufen und dieselbe Frequenz aufweisen:

$$i = I \sqrt{2} \, \sin(\omega t + \varphi_i).$$

Allgemein ist das Verhältnis zwischen Spannung und Strom:

$$\frac{u(t)}{i(t)} \neq const.$$

Das ist der wesentliche Unterschied zum Gleichstrom, wo dieses Verhältnis eine Konstante (R) ist.
Als Kennwerte zur Bestimmung eines Zweipols kann man, wie man vorhin gesehen hat, die folgenden zwei Größen benutzen, die unabhängig von Spannungen und Strömen sind:

- Die **Impedanz Z (Scheinwiderstand)** des Zweipols:

$$\boxed{Z = \frac{U}{I}} = f(\omega \,,\, R \,,\, L \,,\, C \,...) > 0 \quad, \tag{49}$$

welche nur von ω und den Schaltelementen abhängt, immer positiv ist und in Ω gemessen wird.

- Der **Phasenwinkel** φ:

$$\boxed{\varphi = \varphi_u - \varphi_i} = f(\omega \,,\, R \,,\, L \,,\, C \,...) \gtrless 0 \quad, \tag{50}$$

der ebenfalls von ω und den Schaltelementen abhängt.
Wenn man Z und φ kennt, ist der Strom i eindeutig definiert:

$$i = \frac{U}{Z} \sqrt{2} \, \sin(\omega t + \varphi_u - \varphi) \quad . \tag{51}$$

2.9.2   Resistanz und Reaktanz

Statt Z und φ kann zur Kennzeichnung eines Sinusstromkreises ein anderes Parameterpaar benutzt werden:

- Die **Resistanz** (der **Wirkwiderstand**) R:

$$\boxed{R = \frac{U \cos\varphi}{I} = Z \cdot \cos\varphi} \quad > 0 \quad . \tag{52}$$

Bemerkung: Auch wenn man hier dasselbe Symbol R wie für den Gleichstromwiderstand benutzt, man darf die Resistanz nicht mit dem Gleichstromwiderstand ($R = \frac{l}{\kappa A}$) verwechseln! Hier ist R im allgemeinen *frequenzabhängig*, hat also eine ganz andere physikalische Bedeutung als bei Gleichstrom.

- Die **Reaktanz** (der **Blindwiderstand**) X:

$$\boxed{X = \frac{U \sin\varphi}{I} = Z \cdot \sin\varphi} \quad \gtrless 0 \quad . \tag{53}$$

Man sieht gleich, daß wenn man R und X kennt, die Impedanz Z und der Phasenwinkel φ ebenfalls bekannt sind:

$$\tan\varphi = \frac{X}{R} \quad ; \quad \cos\varphi = \frac{R}{Z} \quad ; \quad \sin\varphi = \frac{X}{Z} \quad ; \quad Z = \sqrt{R^2 + X^2} \quad . \tag{54}$$

Man merkt sich diese Beziehungen leicht mit Hilfe eines sogenannten „Impedanz-Dreiecks":

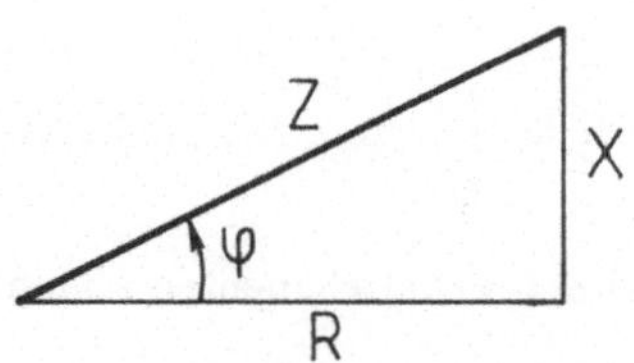

Abbildung 11: Impedanz-Dreieck

R und X werden ebenfalls in Ω gemessen.
Bei bekannten R und X ist die Zeitfunktion für den Strom:

$$i = \frac{U}{\sqrt{R^2 + X^2}} \sqrt{2} \, \sin(\omega t + \varphi_u - \arctan\frac{X}{R}) \quad . \tag{55}$$

Bemerkung: Welchen rechentechnischen Nutzen die Einführung des Parameterpaares R, X bringt, wird deutlich, wenn man die komplexe Darstellung benutzt: Sie stellen den Real- bzw. Imaginärteil der komplexen Impedanz $\underline{Z}$ dar.

2.9.3   Admittanz und Phasenwinkel

Eine dritte Möglichkeit, die insbesondere bei Parallelschaltungen günstig ist, besteht darin, statt der Impedanz Z ihren Kehrwert zu benutzen. Ähnlich dazu hat man bei Gleichstrom nicht nur mit Widerständen R, sondern auch mit den Kehrwerten $G = \frac{1}{R}$ operiert.

Admittanz Y (Scheinleitwert)

$$\boxed{Y = \frac{1}{Z} = \frac{I}{U}} \quad > 0 \quad . \tag{56}$$

Zusammen mit dem Phasenwinkel φ ergibt die Admittanz ein Parameterpaar zur vollständigen Beschreibung eines Sinusstromkreises.
Es gelten die Beziehungen:

$$I = Y \cdot U \quad ; \quad Y = \frac{1}{\sqrt{R^2 + X^2}} \quad ; \quad R = \frac{\cos\varphi}{Y} \quad ; \quad X = \frac{\sin\varphi}{Y} \tag{57}$$

und der Strom i wird:

$$i = U\, Y\, \sqrt{2}\, \sin(\omega t + \varphi_u - \varphi) \quad . \tag{58}$$

Die Admittanz wird in Siemens gemessen ($1\,S = 1\Omega^{-1}$).

2.9.4   Konduktanz und Suszeptanz

Die vierte Möglichkeit, ein Parameterpaar zur eindeutigen Beschreibung eines Sinusstromkreises auszuwählen, geht von der Admittanz Y aus. Man nennt:

- **Konduktanz G**

$$\boxed{G = \frac{I\cos\varphi}{U} = Y\,\cos\varphi} \quad > 0 \tag{59}$$

- **Suszeptanz B**

$$\boxed{B = \frac{I\sin\varphi}{U} = Y\,\sin\varphi} \quad \gtrless 0 \quad . \tag{60}$$

Wenn G und B bekannt sind, ergeben sich Y und φ mit den Beziehungen:

$$\tan\varphi = \frac{B}{G} \quad ; \quad \cos\varphi = \frac{G}{Y} \quad ; \quad \sin\varphi = \frac{B}{Y} \quad ; \quad Y = \sqrt{G^2 + B^2} \quad , \tag{61}$$

die man sich leicht mit dem „Admittanz-Dreieck" merken kann (Abb.??).
Weiterhin gilt noch:

$$Z = \frac{1}{\sqrt{G^2 + B^2}} \quad ; \quad G = \frac{R}{Z^2} \quad ; \quad B = \frac{X}{Z^2} \quad ; \quad R = \frac{G}{Y^2} \quad ; \quad X = \frac{B}{Y^2} \tag{62}$$

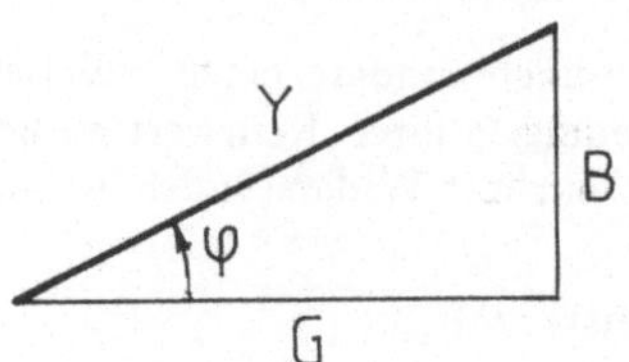

Abbildung 12: Admittanz-Dreieck

und der Strom i wird:

$$i = U \sqrt{G^2 + B^2}\, \sqrt{2}\, \sin(\omega t + \varphi_u - \arctan \frac{B}{G}) \quad . \tag{63}$$

Die Konduktanz G und die Suszeptanz B werden in Siemens (Ω^{-1}) gemessen. Sie stellen den Real- bzw. Imaginärteil der komplexen Admittanz $\underline{Y}$ dar.

2.9.5　Zusammenfassung und Diskussion der Kennwerte einfacher Sinusstromkreise

In den folgenden zwei Tabellen sind alle definierten Kennwerte: Z, φ, R, X, Y, G und B für die vorhin untersuchten einfachen Stromkreise (Abschn. 2.2, 2.4, 2.5, 2.8.1, 2.8.2, 2.8.3) und zusätzlich für die Parallelschaltungen R-L und R-C zusammengefasst. Die den zwei letzten Schaltungen entsprechenden Parameter sollen als Übung nachvollzogen werden, wobei derselbe Rechenweg wie bei den übrigen Stromkreisen anzuwenden ist.

Einige **Bemerkungen** zu den zwei Tabellen:

- Man stellt fest, daß zwar immer $Y = \frac{1}{Z}$ gilt, aber allgemein $G \neq \frac{1}{R}$ und $B \neq \frac{1}{X}$ ist.

- Für die Anwendungen besonders wichtig sind die folgenden Reaktanzen:

  Die Reaktanz einer idealen Spule: $X_L = \omega L \ > 0$;
  Die Reaktanz eines idealen Kondensators: $X_C = -\frac{1}{\omega C} \ < 0$;
  Die Reaktanz der Reihenschaltung R, L und C: $X = \omega L - \frac{1}{\omega C} \gtrless 0$.

- Alle Parameter: Z, Y, R, X, G, B hängen im allgemeinen von der Frequenz $f = \frac{\omega}{2\pi}$ der Spannung ab.

- Noch einige Bezeichnungen. Man nennt einen Stromkreis:

  reaktiv, wenn: $\varphi \neq 0$, $X \neq 0$, $B \neq 0$;
  induktiv, wenn: $\varphi > 0$, $X > 0$, $B > 0$;
  rein induktiv, wenn: $\varphi = \frac{\pi}{2}$, $R = 0$, $Z = X$, $B = Y$;
  kapazitiv, wenn: $\varphi < 0$, $X < 0$, $B < 0$;
  rein kapazitiv, wenn: $\varphi = -\frac{\pi}{2}$, $R = 0$, $X = -Z$, $B = -Y$.

Stromkreis	Z	φ	R	X
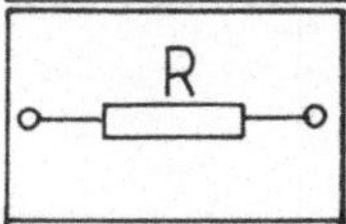 R (Widerstand)	R	0	R	0
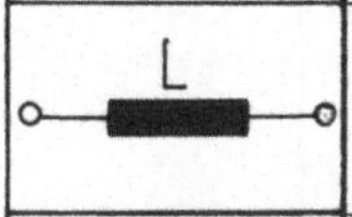 L (Spule)	ωL	$\frac{\pi}{2}$	0	ωL
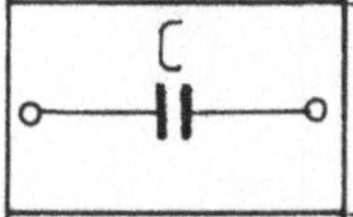 C (Kondensator)	$\frac{1}{\omega C}$	$-\frac{\pi}{2}$	0	$-\frac{1}{\omega C}$
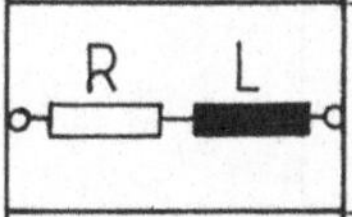 R L (Reihe)	$\sqrt{R^2 + \omega^2 L^2}$	$\tan\varphi = \frac{\omega L}{R}$	R	ωL
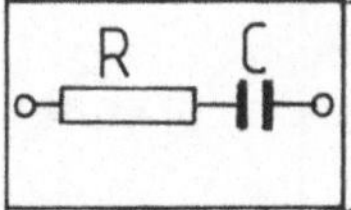 R C (Reihe)	$\sqrt{R^2 + \frac{1}{\omega^2 C^2}}$	$\tan\varphi = -\frac{1}{\omega C R}$	R	$-\frac{1}{\omega C}$
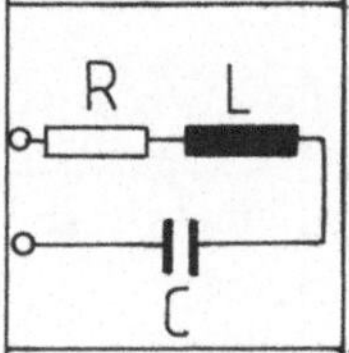 R L C (Reihe)	$\sqrt{R^2 + \left(\omega L - \frac{1}{\omega C}\right)^2}$	$\tan\varphi = \frac{\omega L - \frac{1}{\omega C}}{R}$	R	$\omega L - \frac{1}{\omega C}$
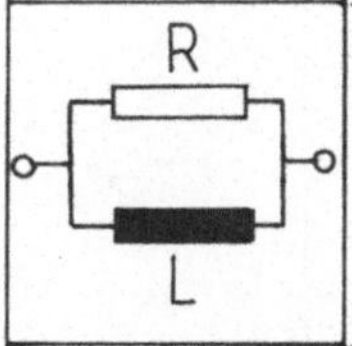 R L (parallel)	$\frac{R\omega L}{\sqrt{R^2 + \omega^2 L^2}}$	$\tan\varphi = \frac{R}{\omega L}$	$\frac{R\omega^2 L^2}{R^2 + \omega^2 L^2}$	$\frac{R^2\omega L}{R^2 + \omega^2 L^2}$
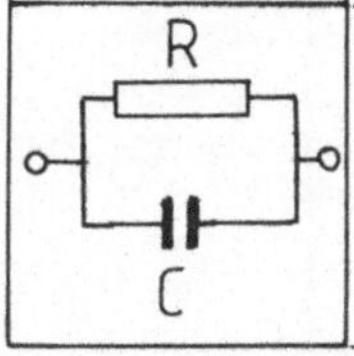 R C (parallel)	$\frac{R}{\sqrt{1 + R^2\omega^2 C^2}}$	$\tan\varphi = -\omega C R$	$\frac{R}{1 + R^2\omega^2 C^2}$	$-\frac{\omega C R^2}{1 + R^2\omega^2 C^2}$

Tabelle 1: Impedanz Z, Phasenwinkel φ, Resistanz R und Reaktanz X bei einfachen Sinusstromkreisen

Stromkreis	Y	φ	G	B
R	$\frac{1}{R}$	0	$\frac{1}{R}$	0
L	$\frac{1}{\omega L}$	$\frac{\pi}{2}$	0	$\frac{1}{\omega L}$
C	ωC	$-\frac{\pi}{2}$	0	$-\omega C$
R L	$\frac{1}{\sqrt{R^2+\omega^2 L^2}}$	$\tan\varphi = \frac{\omega L}{R}$	$\frac{R}{R^2+\omega^2 L^2}$	$\frac{\omega L}{R^2+\omega^2 L^2}$
R C	$\frac{\omega C}{\sqrt{1+R^2\omega^2 C^2}}$	$\tan\varphi = -\frac{1}{\omega C R}$	$\frac{R}{R^2+\frac{1}{\omega^2 C^2}}$	$-\frac{\omega C}{1+R^2\omega^2 C^2}$
R L C	$\frac{1}{\sqrt{R^2+\left(\omega L-\frac{1}{\omega C}\right)^2}}$	$\tan\varphi = -\frac{\omega L-\frac{1}{\omega C}}{R}$	$\frac{R}{R^2+\left(\omega L-\frac{1}{\omega C}\right)^2}$	$\frac{\omega L-\frac{1}{\omega C}}{R^2+\left(\omega L-\frac{1}{\omega C}\right)^2}$
R || L	$\sqrt{\frac{1}{R^2}+\frac{1}{\omega^2 L^2}}$	$\tan\varphi = \frac{R}{\omega L}$	$\frac{1}{R}$	$\frac{1}{\omega L}$
R || C	$\sqrt{\frac{1}{R^2}+\omega^2 C^2}$	$\tan\varphi = -\omega C R$	$\frac{1}{R}$	$-\omega C$

Tabelle 2: Admittanz Y, Phasenwinkel φ, Konduktanz G und Suszeptanz B bei einfachen Sinusstromkreisen

2.10 Leistungen in Wechselstromkreisen

2.10.1 Leistung bei idealen Schaltelementen R, L und C

Wenn ein **ohmscher Widerstand R** an einer Wechselspannung:

$$u = U \sqrt{2} \sin(\omega t + \varphi_u)$$

liegt und der Strom:

$$i_R = \frac{U}{R} \sqrt{2} \sin(\omega t + \varphi_u)$$

fließt, so nimmt der Widerstand, wenn das Verbraucherzählpfeilsystem benutzt wird, die folgende Leistung auf:

$$p_R = u \cdot i_R = 2 \frac{U^2}{R} \sin(\omega t + \varphi_u) \cdot \sin(\omega t + \varphi_u)$$

oder mit der Formel: $2 \sin \alpha \cdot \sin \beta = \cos(\alpha - \beta) - \cos(\alpha + \beta)$:

$$p_R = \frac{U^2}{R}[\cos 0^o - \cos 2(\omega t + \varphi_u)] = \frac{U^2_{max}}{2R}[1 - \cos 2(\omega t + \varphi_u)] \quad . \quad (64)$$

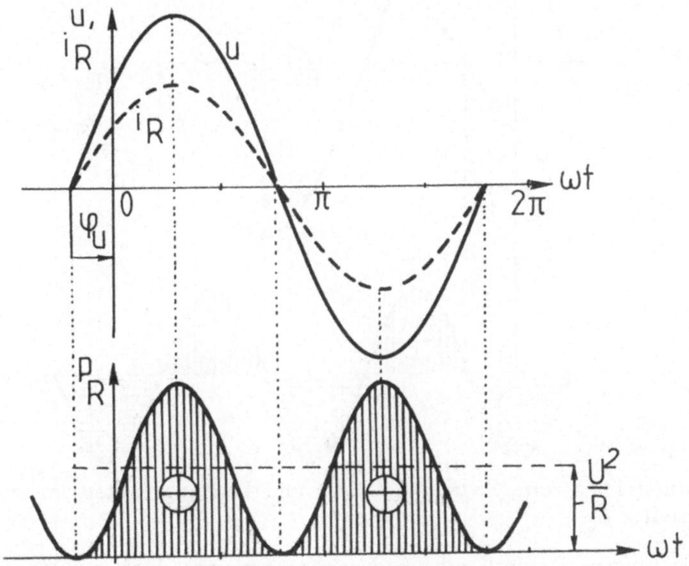

Abbildung 13: Strom, Spannung (oben) und Leistung (unten) an einem ohmschen Widerstand R

Bei Gleichstrom war die Leistung $P = \frac{U^2}{R}$, jetzt ist p *zeitabhängig*. Die Leistung pulsiert mit der *doppelten Frequenz*, wird aber *nie* negativ. Der ideale Widerstand verbraucht in jedem Augenblick Leistung und wandelt sie irreversibel in Wärme um.

Liegt eine **ideale Induktivität L** an derselben Spannung wie vorhin, so fließt der Strom:

$$i_L = \sqrt{2}\,\frac{U}{\omega L}\,\sin(\omega t + \varphi_u - \frac{\pi}{2})$$

und die elektrische Leistung wird:

$$p_L \;=\; u \cdot i_L = 2\,\frac{U^2}{\omega L}\,\sin(\omega t + \varphi_u) \cdot \sin(\omega t + \varphi_u - \frac{\pi}{2}) \tag{65}$$

$$=\; \frac{U^2}{\omega L}[\cos\frac{\pi}{2} - \cos(2\omega t + 2\varphi_u - \frac{\pi}{2})] = -\frac{U^2}{\omega L}\,\sin 2(\omega t + \varphi_u) \quad . \tag{66}$$

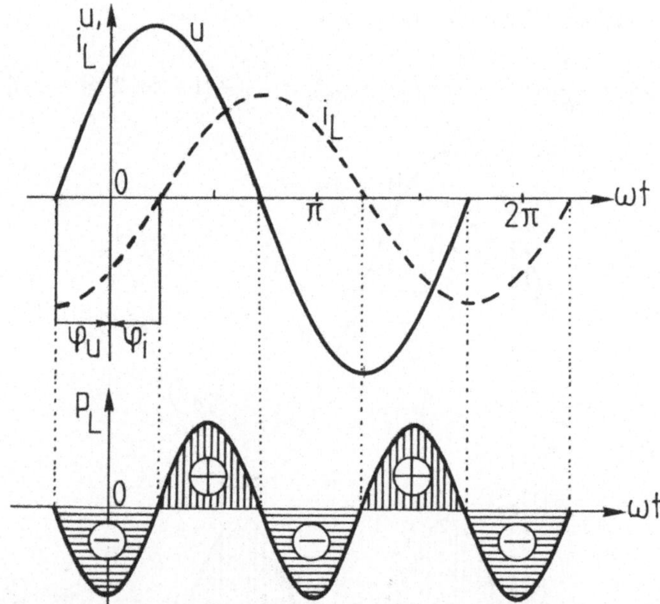

Abbildung 14: Strom, Spannung (oben) und Leistung (unten) an einer idealen Induktivität L

Die Leistung p_L pulsiert mit der *doppelten Frequenz*, doch im Gegensatz zu der Leistung p_R an einem Widerstand ist ihr *Mittelwert Null*. Das bedeutet: Während einer Halbperiode fließt Leistung *in* die Induktivität, während der nächsten fließt Leistung *aus* der Induktivität, in die Spannungsquelle.

Schließlich ist der Strom durch einen **idealen Kondensator** C:

$$i_C = \sqrt{2}\, U\omega C\, \sin(\omega t + \varphi_u + \frac{\pi}{2})$$

und die Leistung:

$$p_C = u \cdot i_C = 2\,U^2\omega C\, \sin(\omega t + \varphi_u) \cdot \sin(\omega t + \varphi_u + \frac{\pi}{2}) \qquad (67)$$

$$= U^2\omega C[\cos(-\frac{\pi}{2}) - \cos(2\omega t + 2\varphi_u + \frac{\pi}{2})] \qquad (68)$$

$$= U^2\omega C\, \sin 2(\omega t + \varphi_u) \quad . \qquad (69)$$

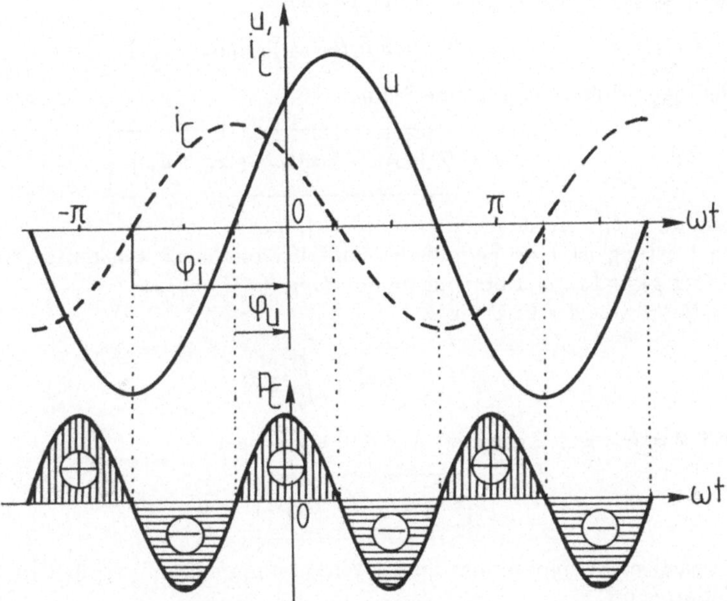

Abbildung 15: Strom, Spannung (oben) und Leistung (unten) an einem idealen Kondensator C

Auch die Leistung p_C pulsiert mit der *doppelten Frequenz* und auch ihr *Mittelwert* ist gleich *Null* (wie bei p_L). Vergleicht man Abb.15 mit Abb.14 so erkennt man, daß in denjenigen Halbperioden in denen die Induktivität Leistung aufnimmt, der Kondensator die Leistung in die Spannungsquelle abgibt und umgekehrt. Dieses zeitlich verschobene Verhalten von Induktivität und Kapazität ist äußerst wichtig. Da der Mittelwert der Leistung p Null ist, wird in idealen Induktivitäten und Kondensatoren keine Leistung „verbraucht", d.h. irreversibel in Wärme umgewandelt, wie bei Widerständen der Fall ist.

Die Leistung wird lediglich *gespeichert* (bei Induktivitäten in ihrem magnetischen Feld, bei Kondensatoren in ihrem elektrischen Feld) und wieder *abgegeben*. Man spricht von *Blindleistung*.

2.10.2   Wechselstromleistung allgemein

Wenn an einem beliebigen Zweipol die Sinusspannung

$$u = U\sqrt{2}\,\sin(\omega t + \varphi_u)$$

liegt, so daß der Strom

$$i = I\sqrt{2}\,\sin(\omega t + \varphi_i)$$

fließt, so ist die elektrische Leistung $p = u \cdot i$:

$$p = 2\,UI\,\sin(\omega t + \varphi_u) \cdot \sin(\omega t + \varphi_i)$$

oder, nach Umformung in eine Summe:

$$\boxed{p = UI[\cos\varphi - \cos(2\omega t + \varphi_u + \varphi_i)]} \tag{70}$$

wenn $\varphi_u - \varphi_i = \varphi$ ist.

Die Leistung ist eine periodische Funktion mit einer *konstanten* Komponente ($UI\cos\varphi$) und einer Komponente mit *doppelter Frequenz*.
Der Mittelwert der Leistung p:

$$\tilde{p} = \frac{1}{T}\int_0^T p\,dt$$

wird *Wirkleistung P* genannt. Aus (70) ergibt sich:

$$\boxed{P = U \cdot I \cdot \cos\varphi} \quad \geq 0 \quad . \tag{71}$$

Ein passiver Zweipol nimmt immer Wirkleistung auf und wandelt sie *irreversibel* in Wärme um.
Die Wirkleistung kann auch mit Hilfe der Resistanz R oder der Konduktanz G ausgedrückt werden:

$$\boxed{P = R \cdot I^2 = G \cdot U^2} \quad \geq 0 \quad . \tag{72}$$

Die Formel (70) besagt, daß die Augenblicksleistung p mit der Kreisfrequenz 2ω um den Mittelwert $P = UI\cos\varphi$ pulsiert. Die Abb.16 zeigt unten wie der Leistungsfluß über bestimmte Zeitintervalle gerichtet ist. Auch wenn $P > 0$ ist, gibt es Zeitintervalle in denen p negativ ist: Der Zweipol gibt Leistung an die Spannungsquelle ab (die in Spulen oder Kondensatoren gespeicherte Leistung wird dann zurück abgegeben).

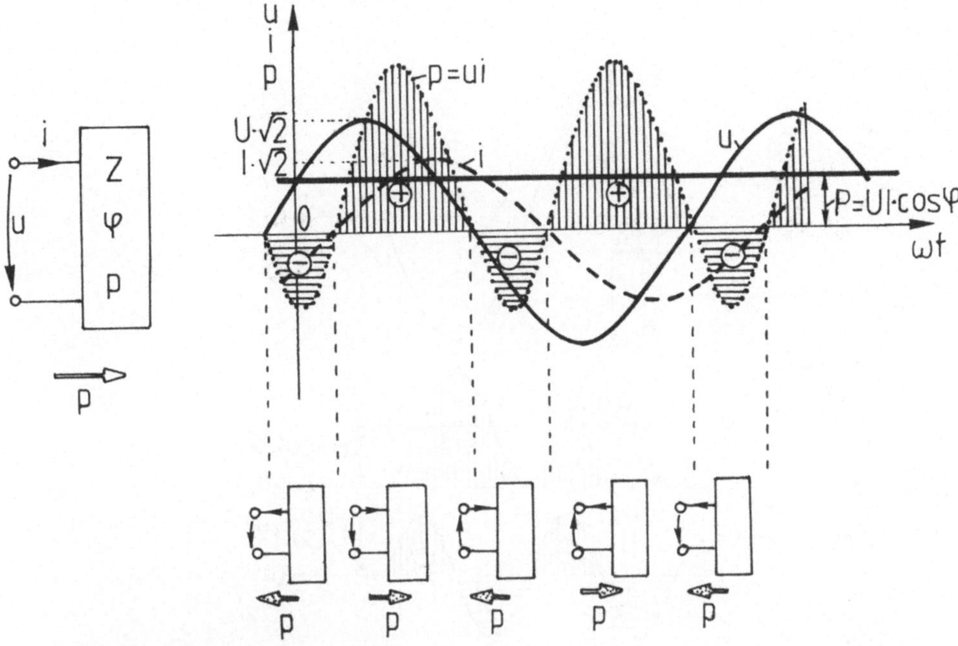

Abbildung 16: Strom, Spannung und Leistung an einem Zweipol (oben) und Richtung des Leistungsflusses (unten)

2.10.3 Wirk-, Blind- und Scheinleistung, Leistungsfaktor

Die Formel (70) läßt sich weiter umformen und interpretieren. Mit:

$$\cos(2\omega t + \varphi_u + \varphi_i) \;=\; \cos[2(\omega t + \varphi_u) + (\varphi_i - \varphi_u)]$$
$$=\; \cos 2(\omega t + \varphi_u) \cdot \cos(\varphi_i - \varphi_u)$$
$$-\sin 2(\omega t + \varphi_u) \cdot \sin(\varphi_i - \varphi_u)$$

$$(Bem.: \quad \sin(\varphi_i - \varphi_u) = -\sin\varphi)$$

wird die Leistung:

$$p \;=\; UI[\cos\varphi - \cos 2(\omega t + \varphi_u) \cdot \cos\varphi - \sin 2(\omega t + \varphi_u) \cdot \sin\varphi] \qquad (73)$$
$$=\; UI\{\cos\varphi[1 - \cos 2(\omega t + \varphi_u)] - \sin\varphi \cdot \sin 2(\omega t + \varphi_u)\} \qquad (74)$$

Die Augenblicksleistung p kann als Summe von zwei Komponenten aufgefasst werden:

- Die **Wirkleistung** p_W:

$$p_W = UI \cos\varphi[1 - \cos 2(\omega t + \varphi_u)] \qquad (75)$$

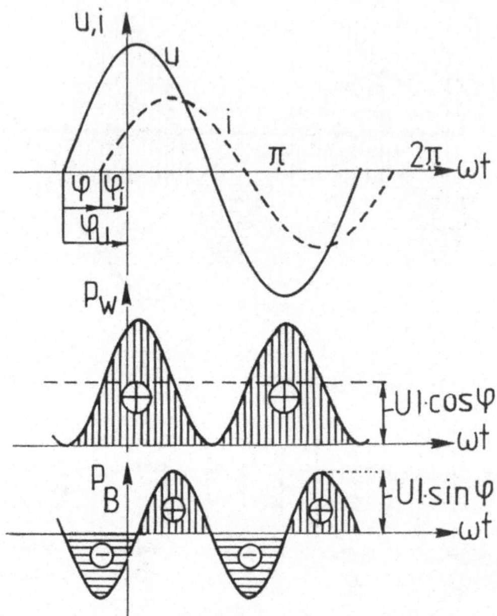

Abbildung 17: Zeitlicher Verlauf von Strom und Spannung (oben), Wirkleistung p_W (Mitte) und Blindleistung p_B (unten)

die mit der Frequenz 2ω pulsiert, aber ihr Vorzeichen nicht ändert. Der zeitlich konstante Mittelwert von p_W ist:

$$P = U I \cos\varphi \quad .$$

- Die **Blindleistung** p_B:

$$p_B = -U I \sin\varphi \cdot \sin 2(\omega t + \varphi_u) \quad . \tag{76}$$

Diese Komponente pendelt mit 2ω um die Nulllinie. Der Leistungsfluß kehrt seine Richtung periodisch um, dem Verbraucher wird im Mittel *keine* Energie zugeführt.

Die Blindleistung belastet also den Stromerzeuger nicht, doch der Energie, die im Verbraucher gespeichert und wieder abgegeben wird, entspricht ein Strom, der der Energieträger für die Umspeichervorgänge ist. Die Leitungen und Widerstände werden durch diesen Strom thermisch belastet!
Um diese strommäßige Belastung der Leitungen leicht überschauen zu können,

hat man analog zur Wirkleistung einen fiktiven „Mittelwert" der Blindleistung p_W eingeführt:

$$\textbf{Blindleistung}: \quad \boxed{Q = UI \sin\varphi} \quad \gtrless 0 \quad . \tag{77}$$

Man spricht von induktiver und kapazitiver Blindleistung:

$Q = UI \sin\varphi > 0$: der Verbraucher nimmt Blindleistung auf (induktives Verhalten)

$Q = UI \sin\varphi < 0$: der Verbraucher gibt Blindleistung an die Quelle (kapazitives Verhalten).

Die Blindleistung wird in *Var* gemessen, um sie deutlich von der Wirkleistung zu unterscheiden. (Einheitenzeichen: var).
Die Blindleistung kann auch mit Hilfe der Reaktanz X oder der Suszeptanz B ausgedrückt werden:

$$\boxed{Q = X \cdot I^2 = B \cdot U^2} \quad \gtrless 0 \quad . \tag{78}$$

Analog dem Begriff der Blindleistung hat man noch einen fiktiven „Mittelwert" der allgemeinen Wechselstromleistung eingeführt:

$$\textbf{Scheinleistung}: \quad \boxed{S = U \cdot I} \quad > 0 \quad . \tag{79}$$

Diese Leistung ist eine Rechengröße; sie wird wie bei Gleichstrom berechnet, als ob keine Phasenverschiebung zwischen Strom und Spannung vorhanden wäre.
Die Scheinleistung hat keine unmittelbare physikalische Bedeutung, wie die Wirkleistung, doch bedeutet sie die maximal mögliche Wirkleistung bei gegebenen U und I und variablem Phasenwinkel φ.
Somit kennzeichnet sie die Grenzen der Funktionsfähigkeit der Verbraucher und wird meistens vom Hersteller angegeben.
Die Einheit von S heißt *VA*.
Die Scheinleistung kann noch folgendermaßen ausgedrückt werden:

$$\boxed{S = Z \cdot I^2 = Y \cdot U^2} \quad . \tag{80}$$

Zwischen P, Q und S bestehen folgende Beziehungen:

$$P^2 + Q^2 = S^2 \quad ; \quad Q = P \cdot \tan\varphi \quad ; \quad P = S \cdot \cos\varphi \quad ; \quad Q = S \cdot \sin\varphi \tag{81}$$

die man sich leicht mit dem sogenannten „Leistungsdreieck" (Abb.18) merken kann:

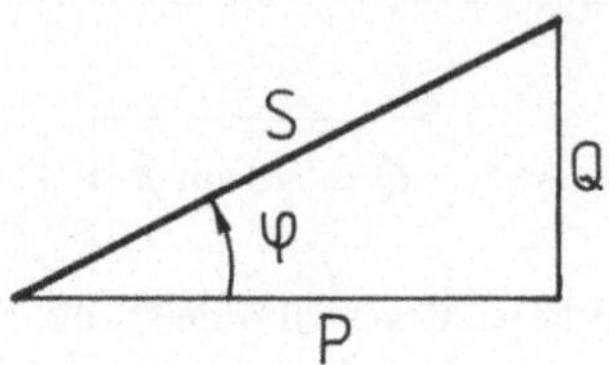

Abbildung 18: Leistungsdreieck

Für die Energietechnik ist das folgende Verhältnis besonders wichtig:

$$1 \geq \frac{P}{S} = \cos\varphi \geq 0$$

der **Leistungsfaktor** genannt wird. Das Problem der Vergrößerung des Leistungsfaktors ist eines der wichtigsten in der Energietechnik.
Es gilt noch:

$$\frac{P}{S} = \frac{\sqrt{S^2 - Q^2}}{S} = \sqrt{1 - \frac{Q^2}{S^2}}$$

was bedeutet, daß die Verbesserung des Leistungsfaktors die Reduzierung der Blindleistung Q voraussetzt.

Beispiel 2.2:
Ein einphasiger Wechselstrommotor arbeitet bei einer Spannung von U=220V und nimmt die Wirkleistung P=2kW unter $\cos\varphi = 0,8$ (induktiv) auf.
Berechnen Sie:

1. Die Motor-Parameter: Z, R und X

2. Die vom Motor aufgenommene Blindleistung Q

3. Die Scheinleistung S.

Lösung:

1.

$$Z = \frac{U}{I} \quad mit \quad I = \frac{P}{U\cos\varphi} = \frac{2 \cdot 10^3 W}{220V \cdot 0,8} = 11,36\,A$$

$$Z = \frac{220\,V}{11,36\,A} = \boxed{19,36\,\Omega}$$

Fortsetzung Beispiel 2.2:

1.

$$R = Z \, \cos\varphi = 19,36\,\Omega \cdot 0,8 = \boxed{15,5\,\Omega}$$

$$X = Z \, \sin\varphi = 19,36\,\Omega \cdot 0,6 = \boxed{11,6\,\Omega} \quad .$$

2.

$$Q = U I \sin\varphi = 220\,V \cdot 11,36\,A \cdot 0,6 = \boxed{1,5\,kvar} \quad .$$

3.

$$S = U \cdot I = 220\,V \cdot 11,36\,A = \boxed{2,5\,kVA} \quad .$$

$$\text{Überprüfung:} \quad S = \sqrt{P^2 + Q^2} = \sqrt{2^2 + 1,5^2}\,kVA = 2,5\,kVA$$

Beispiel 2.3:

Eine elektrische Doppelleitung liefert an einen Verbraucher die Wirkleistung
P=20kW unter der Spannung U=220V mit dem Leistungsfaktor $\cos\varphi = 0,8$
(induktiv). Der elektrische Widerstand pro 1m Länge der Leitung beträgt: $r_l =
3 \cdot 10^{-4}\,\Omega/m$ und die Leitung ist 100m lang.

Gesucht sind die Wirkleistungsverluste ΔP auf der Leitung.

Fortsetzung Beispiel 2.3:

Lösung:
Die Leitungsverluste sind:

$$\Delta P = r \cdot I^2 = r\frac{S^2}{U^2} = \boxed{r\frac{P^2 + Q^2}{U^2}} \quad .$$

Die Blindleistung ist: $Q = P \tan\varphi = 20\,kW \cdot 0,75 = 15\,k\,var$.
Der Leitungswiderstand ist:

$$r = 2 \cdot 100m \cdot 3 \cdot 10^{-4}\Omega/m = 60\,m\Omega \, .$$

Somit treten auf der Leitung die folgenden Wirkleistungsverluste auf:

$$\Delta P = 60 \cdot 10^{-3}\Omega \cdot \frac{20^2 + 15^2}{(220\,V)^2} \cdot 10^6\,W^2 = \boxed{774\,W} \quad .$$

Bemerkung:
Die obige Formel für die Verluste ΔP auf der Leitung besagt, daß bei einer gegebenen Leitung (r) und einer bestimmten Wirkleistung (P) die Verluste *umgekehrt*
proportional mit dem *Quadrat der Spannung* variieren und daß sie mit dem Quadrat der Blindleistung Q zunehmen.
Deswegen sind für die Energieübertragung auf große Entfernungen möglichst *hohe*
Spannungen erforderlich.
Bei 380V wären die Verluste dreimal kleiner gewesen:

$$\Delta P = 258\,W \, .$$

Auch die Bedeutung eines besseren Leistungsfaktors wird klar: bei $\cos\varphi = 1$ (Q=0)
wären die Verluste:

$$\Delta P = 495\,W$$

gewesen. Die Blindleistung belastet die Leitung und muß deswegen vom Verbraucher mitbezahlt werden.

Beispiel 2.4:

Eine Bahnstation ist über eine einphasige Leitung von 30 km Länge von einer Hauptstation mit einer Frequenz von $16\frac{2}{3}$ Hz gespeist. Der Querschnitt der
Kupferleiter ($\kappa = 57 \cdot 10^6 \frac{1}{\Omega m}$) beträgt $50\,mm^2$. Die Induktivität der Leitung ist
$L_L = 71\,mH$.
Die Spannung U, die Wirkleistung P und der $\cos\varphi$ sind bei dem Verbraucher
(Bahnstation) und an der Quelle (Hauptstation) unterschiedlich groß.

Fortsetzung Beispiel 2.4:

Berechnen Sie U_0 und P_0 an der Quelle, wenn am Verbraucher $P_1 = 4200\,kW$, $U_1 = 35\,kV$ und $\cos\varphi_1 = 0,96$ (induktiv) gilt. Wie groß ist der Wirkungsgrad der Energieübertragung ?

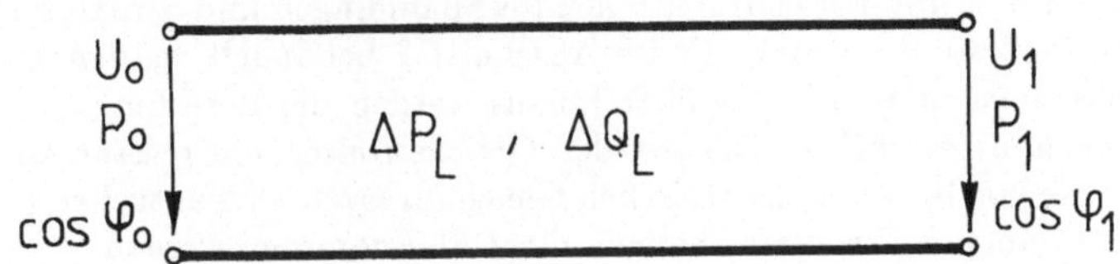

Lösung:
Der Widerstand der Leitung ist:

$$R_L = 2\,\frac{l}{\kappa A} = 2\,\frac{30 \cdot 10^3\,m\Omega m}{57 \cdot 10^6 \cdot 50 \cdot 10^{-6}\,m^2}$$

$$R_L = 2\,\frac{300}{5,7 \cdot 5}\,\Omega = 21\,\Omega \quad .$$

Auf der Leitung geht verloren:

$$\Delta P_L = R_L \cdot I^2 \quad ; \quad \Delta Q_L = X_L \cdot I^2$$

$$\text{mit } X_L = \omega L_L = 2\pi \cdot 16,\tilde{6}6\,s^{-1} \cdot 71 \cdot 10^{-3}\,H = 7,43\,\Omega \quad .$$

Den Strom I kann man aus der Wirkleistung P_1 berechnen:

$$I = \frac{P_1}{U_1 \cos\varphi_1} = \frac{4200 \cdot 10^3\,W}{35 \cdot 10^3\,V \cdot 0,96} = 125\,A$$

$$\Delta P_L = 21\,\Omega \cdot (125A)^2 = 328\,kW \quad ; \quad \Delta Q_L = 7,43\,\Omega \cdot (125A)^2 = 116,2\,k\,Var \quad .$$

Andererseits ist:

$$Q_1 = U_1 I_1 \sin\varphi_1 = 35 \cdot 10^3\,V \cdot 125\,A \cdot 0,28 = 1225\,k\,Var \quad .$$

Somit ist an der Quelle:

$$P_0 = P_1 + \Delta P_L = (4200 + 328)kW = \boxed{4528\,kW}$$

$$Q_0 = Q_1 + \Delta Q_L = (1225 + 116,2)kVar = 1341,2\,kVar$$

$$S_0 = \sqrt{P_0^2 + Q_0^2} = 4722\,kVA$$

$$U_0 = \frac{S_0}{I} = \frac{4722\,kVA}{125\,A} = \boxed{37,8\,kV} \quad .$$

Die Leitung bewirkt Verluste ($\eta = \frac{P_1}{P_0} = 0,928$) und einen Spannungsabfall von $2,8\,kV$, die beim Verbraucher berücksichtigt werden müssen.

3 Symbolische Verfahren zur Behandlung von Sinusgrößen

3.1 Allgemeines

Es ist leicht zu ersehen, daß bei etwas komplizierteren Schaltungen nicht mehr möglich ist, direkt mit den Zeitfunktionen für Spannungen und Ströme zu arbeiten. Die komplizierteste Schaltung, die im Abschnitt 2 behandelt werden konnte, war die Reihenschaltung R-L-C. Darüber hinaus werden die Berechnungen sehr aufwendig und unübersichtlich. Die von den Gleichstromnetzen bekannten Lösungsverfahren, die von linearen algebraischen Gleichungssystemen ausgehen (Maschen-, Knoten- und andere Verfahren) können nicht übernommen werden.

Aus diesen Gründen wurden andere Verfahren entwickelt, die die rechnerische Behandlung von Wechselstromkreisen erheblich vereinfachen. Man benutzt heute zwei *symbolische* Verfahren, die sich gegenseitig ergänzen:

- Die Zeigerdarstellung (graphisches Verfahren)

- Die komplexe Darstellung (analytisches Verfahren).

Ein symbolisches Verfahren wird im allgemeinen folgenderweise angewendet:

- Man ordnet nach einer gewissen Regel jeder Sinusgröße eine symbolische Größe zu (z.B. einen Vektor oder eine komplexe Zahl);

- Man schreibt die Differentialgleichungen des Netzwerkes mit den symbolischen Größen;

- Statt die Differentialgleichungen zu lösen, löst man die Gleichungen für die Symbole und bestimmt die unbekannten Größen.

- Man transformiert zurück nach der obigen Regel, doch in umgekehrter Richtung, die Symbolgrößen in die gesuchten Sinusgrößen.

Dieser Weg erscheint auf den ersten Blick etwas umständlich. Damit er zu einer beträchtlichen Vereinfachung der Rechenarbeit führt, müssen die folgenden Bedingungen erfüllt werden:

1. Die Darstellung (Abbildung) muß eineindeutig sein, d.h. jeder Sinusgröße muß eine einzige Symbolgröße entsprechen und ebenfalls umgekehrt, jeder Symbolgröße entspricht eine einzige Sinusgröße.

2. Beide Umformungen (Sinusgröße-Symbol und umgekehrt) müssen leicht durchführbar sein.

3. Jeder elementaren Operation mit Sinusgrößen, die in den Gleichungen der Wechselstromkreise auftritt (Addition, Multiplikation mit einem Skalar, Differentiation und Integration) muß eineindeutig eine Operation zwischen den Symbolen entsprechen.

4. Sehr wichtig ist, daß die Auflösung der Gleichungen mit den Symbolen viel einfacher, leichter zu systematisieren und übersichtlicher sein muß, als mit den Sinusgrößen.

Alle diese Bedingungen werden von der Zeiger- und von der komplexen Darstellung erfüllt.

3.2 Zeigerdarstellung von Sinusgrößen

3.2.1 Geometrische Darstellung einer Sinusgröße

Man hat bereits gezeigt (Abschn.1.2.2), daß eine Sinusgröße durch drei Parameter vollständig definiert wird:

- Amplitude

- Kreisfrequenz

- Nullphasenwinkel.

In den meisten Berechnungen von Wechselstromkreisen treten Spannungen und Ströme *gleicher* Frequenz auf, so daß diese lediglich durch *Amplitude* (ein Skalar) und *Phasenlage* (ein Winkel) eindeutig bestimmt werden.
Ebenfalls durch einen Skalar (sein Betrag) und einen Winkel (mit einer Bezugsachse) wird auch ein Vektor in der Ebene definiert. Man kann also eine eineindeutige Beziehung zwischen jeder Sinusgröße und einem Vektor (der diese symbolisieren wird) aufstellen. Das ist die Idee der Zeigerdarstellung. Den analytischen Beziehungen zwischen den Sinusgrößen werden geometrische Beziehungen zwischen den darstellenden Vektoren entsprechen, die einfacher und anschaulicher sein werden.
Die geometrischen Symbolgrößen der Sinusfunktionen werden *Zeiger* genannt, um sie von den im 3D-Raum definierten vektoriellen physikalischen Größen zu unterscheiden (wie z.B. die Stromdichte $\vec{S}$), mit denen sie nicht verwechselt werden dürfen. Außerdem unterliegen Vektoren und Zeiger unterschiedlichen Rechengesetzen.
Auf Abb.19 wird gezeigt, daß eine Sinusgröße der Form:

$$i = I\,\sqrt{2}\,\sin(\omega t + \varphi)$$

als Projektion eines *rotierenden Zeigers* auf eine stillstehende (die vertikale) Bezugsachse dargestellt werden kann. Die Länge des Zeigers ist gleich der *Amplitude* und die Winkelgeschwindigkeit gleich der Kreisfrequenz $\omega = 2\pi f$ der Sinusgröße. Die Projektion des Zeigers auf die vertikale Achse (Abb. 19) beschreibt den Augenblickswert der Sinusgröße.
Man hat also eine Vorschrift aufgestellt, mit der eine Sinusgröße durch einen Zeiger „symbolisiert" werden kann. Die Zeiger werden meist mit unterstrichenen großen Buchstaben gekennzeichnet ($\underline{I}$, $\underline{U}$, usw.).

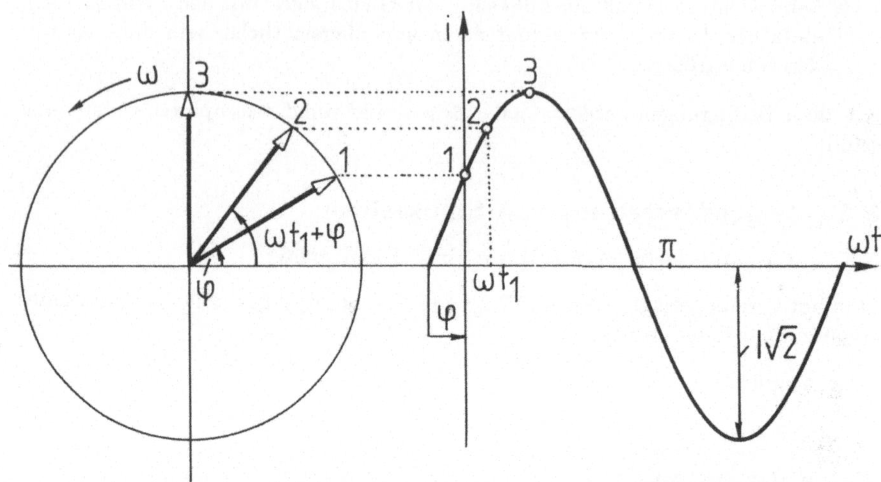

Abbildung 19: Zeigerdarstellung einer Sinusgröße

3.2.2   Rechenregeln für Zeiger

Nachdem man festgelegt hat, wie Sinusgrößen durch Zeiger dargestellt werden können, muß man untersuchen, welche Rechenregeln für Zeiger entsprechen den Rechenregeln für Sinusgrößen, die bei der Analyse von Wechselstromkreisen auftreten: Addition, Multiplikation mit einem Skalar, Differentiation und Integration. Wenn die Operationen leichter und anschaulicher mit den Zeigern durchzuführen sind, dann ist diese symbolische Darstellung sinnvoll.

Man kann leicht zeigen:

1. Der **Addition** (und Subtraktion) von zwei Sinusgrößen entspricht eineindeutig die geometrische Addition (Subtraktion) von zwei Zeigern. In der Tat: Wenn man die zwei Zeiger geometrisch addiert (Abb.20), so ergibt sich für den resultierenden Zeiger der Betrag:

$$I\sqrt{2} = \sqrt{2}\sqrt{I_1^2 + I_2^2 + 2I_1 I_2 \cos(\varphi_1 - \varphi_2)}$$

und der Phasenwinkel:

$$\tan\varphi = \frac{I_1 \sin\varphi_1 + I_2 \sin\varphi_2}{I_1 \cos\varphi_1 + I_2 \cos\varphi_2}\quad,$$

also exakt dieselben Ergebnisse wie für die entsprechenden Sinusgrößen (siehe Abschnitt 2.7, Formeln (28) und (27)).

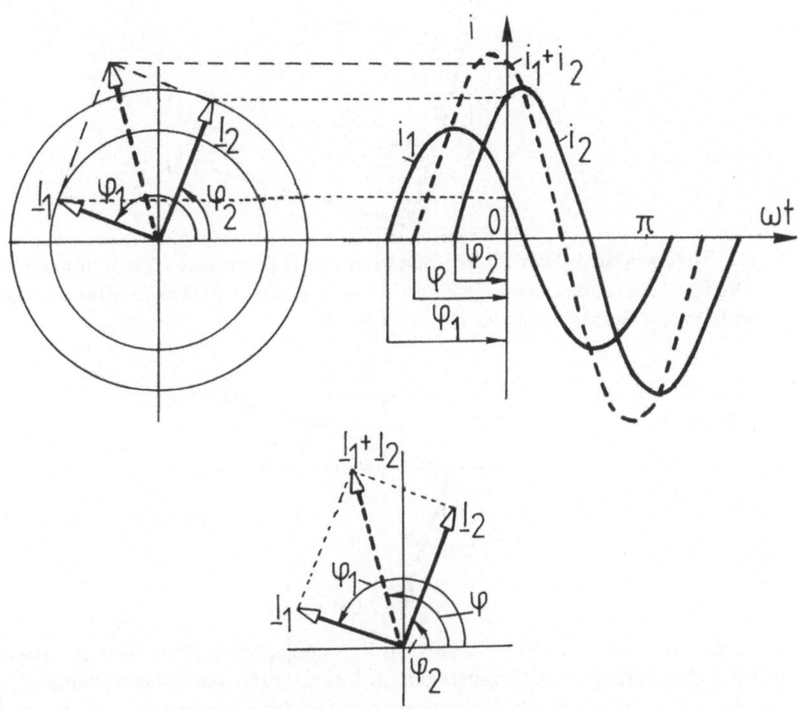

Abbildung 20: Addition zweier Sinusgrößen und der entsprechenden Zeiger

2. Der **Multiplikation** (bzw. Division) einer Sinusgröße mit einem Skalar entspricht eineindeutig die Multiplikation (Division) des sie darstellenden Zeigers mit demselben Skalar. Diese Eigenschaft ergibt sich direkt aus der Vorschrift, daß der Betrag des Zeigers gleich dem Scheitelwert der Sinusgröße sein muß. Die Multiplikation mit einem Skalar $-\lambda$ bedeutet die Änderung des Nullphasenwinkels der Sinusfunktion um den Winkel π, was bei dem entsprechenden Zeiger bedeutet, daß seine Richtung entgegengesetzt wird.

3. Die **Differentiation** einer Sinusgröße entspricht eineindeutig einer *Drehung* des entsprechenden Zeigers *um* $\frac{\pi}{2}$ *in positiver Richtung* und der *Multiplikation* seines Betrages *mit* ω (siehe Bild nächste Seite).

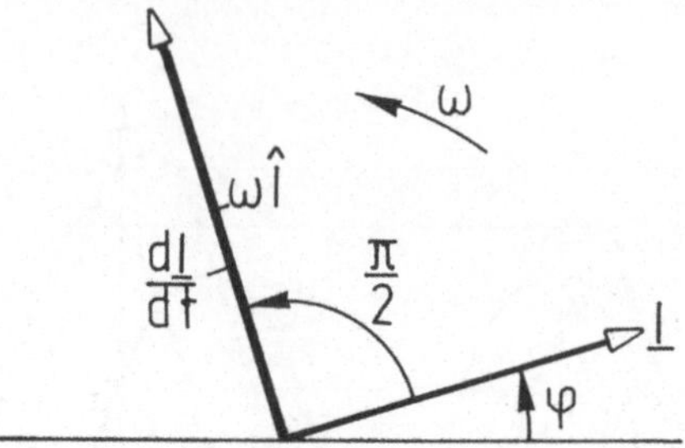

4. Die **Integration** einer Sinusgröße über die Zeit entspricht eineindeutig einer *Drehung* des Ausgangszeigers *um $\frac{\pi}{2}$ in negativer Richtung* (Uhrzeigersinn), wobei sein Betrag *durch ω dividiert* wird.

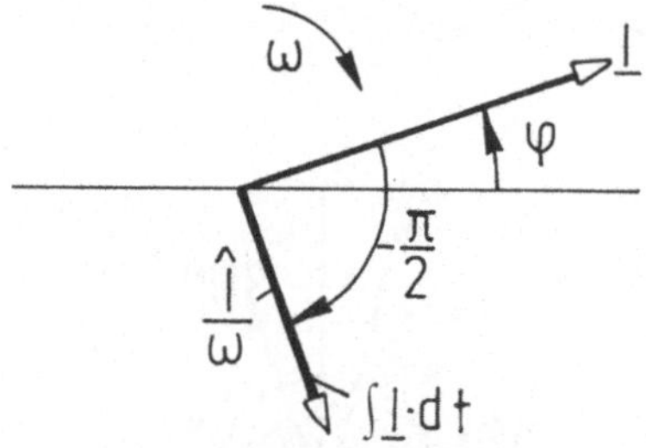

Jetzt kann man sehen, welche **Vorteile** die Zeigerdarstellung bringt. Statt die Differentialgleichungen der Schaltungen zu lösen, muß man entsprechende Zeigerdiagramme zeichnen und alle vorkommenden Operationen reduzieren sich auf die Addition von Vektoren mit verschiedenen Beträgen und Richtungen. Die Auflösung der Gleichung besteht darin, verschiedene Winkel und Längen aus dem Zeigerdiagramm abzulesen.

Operationen mit Vektoren durchzuführen ist viel einfacher als direkt mit den Zeitfunktionen zu arbeiten. Außerdem gewinnt man aus einem Zeigerdiagramm eine sehr anschauliche Vorstellung über die Verhältnisse zwischen den verschiedenen Spannungen und Strömen in einer Schaltung, vor allem über ihre Phasenverschiebungen.

3.2.3 Grundschaltelemente in Zeigerdarstellung

Die Darstellung einer Sinusgröße $i = I\sqrt{2}\,\sin(\omega t + \varphi)$ durch einen mit der Winkelgeschwindigkeit ω im positiven Sinne drehenden Zeigers mit dem Betrag $I\sqrt{2}$ wurde in der Wechselstromtechnik weiter vereinfacht, indem alles, was der Berechnung nicht direkt nützt, weggelassen wurde:

- da alle in einer Schaltung vorkommenen Sinusgrößen (meist) dieselbe Kreisfrequenz ω aufweisen, kann man diese außer Acht lassen und die *Zeiger als stehend* betrachten;

- Der Faktor $\sqrt{2}$ in den Scheitelwerten aller Sinusgrößen wird nicht berücksichtigt und man arbeitet mit *Effektivwerten*, da diese weitaus häufiger benötigt werden als die Scheitelwerte, vor allem zur Bestimmung von Leistungen. Man reduziert also die Zeigerlängen im Maßstab $\dfrac{1}{\sqrt{2}}$.

Bei der Zurücktransformation von den Zeigern zu den Sinusgrößen müssen der Faktor $\sqrt{2}$ und die Kreisfrequenz ω wieder berücksichtigt werden.

Es sollen nun die Grundschaltelemente R, L und C, die in den Abschnitten 2.2, 2.4 und 2.5 bereits untersucht wurden, in Zeigerdarstellung betrachtet werden. Die idealen Schaltelemente sollen mit einer Spannung:

$$u = U\,\sqrt{2}\,\sin\omega t$$

gespeist werden. Der Strom wird die Form:

$$i = U\,\sqrt{2}\,\sin(\omega t - \varphi) = \frac{U}{Z}\,\sqrt{2}\,\sin(\omega t - \varphi)$$

aufweisen.

Ohmscher Widerstand

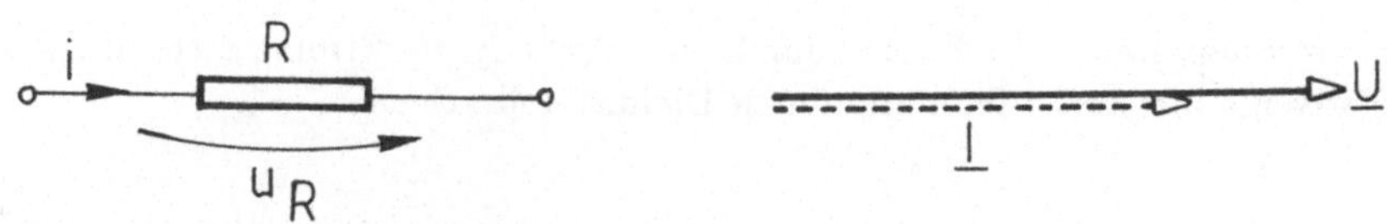

Abbildung 21: Zeigerdiagramm von Spannung und Strom an einem Widerstand

Die Spannungsgleichung ist:

$$u = R \cdot i\,.$$

Die der Spannung u und dem Strom i entsprechenden Zeiger verlaufen parallel.

$$I = \frac{U}{R}\ ,\quad \varphi = 0\quad \Rightarrow\quad i = \frac{U}{R}\,\sqrt{2}\,\sin\omega t\,.$$

Ideale Induktivität
Die Spannungsgleichung lautet:

$$u = L\,\frac{di}{dt}\,.$$

Der Zeiger der Spannung ergibt sich also aus dem Stromzeiger, durch dessen Drehung um $\frac{\pi}{2}$ im positiven (trigonometrischen) Sinn und durch Multiplikation mit ωL.

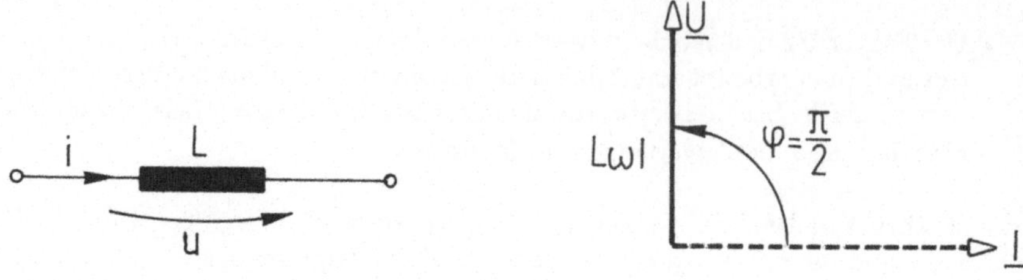

Abbildung 22: Zeigerdiagramm von Spannung und Strom an einer idealen Induktivität

Es ergibt sich:

$$I = \frac{U}{\omega L} \quad , \quad \varphi = +\frac{\pi}{2} \quad \Rightarrow \quad i = \frac{U}{\omega L}\sqrt{2}\,\sin(\omega t - \frac{\pi}{2}) \quad .$$

An einer idealen Spule eilt der Strom der Spannung um 90° *hinterher*.

Idealer Kondensator
Die Gleichung lautet:

$$u = \frac{1}{C}\int i\,dt \quad .$$

Der Spannungszeiger ergibt sich durch eine Drehung des Stromzeigers um $\frac{\pi}{2}$ im negativen (Uhrzeiger-) Sinn und durch Dividieren durch ωC.

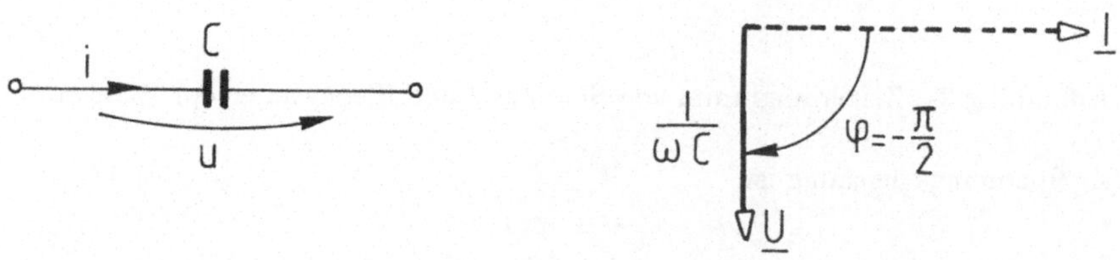

Abbildung 23: Zeigerdiagramm eines idealen Kondensators

$$I = \omega C U \quad , \quad \varphi = -\frac{\pi}{2} \quad \Rightarrow \quad i = U\omega C\sqrt{2}\,\sin(\omega t + \frac{\pi}{2}) \quad .$$

Der Strom durch einen Kondensator eilt der Spannung um 90° *vor*.

3.2.4 Berechnung von Sinusstromkreisen mit der Zeigerdarstellung

Sinusstromkreise können nach den gleichen Methoden wie Gleichstromkreise behandelt werden, mit der Maßgabe, daß alle für Gleichströme und Gleichspannungen gültigen Gesetze (Knoten- und Maschengleichungen) zu jedem Zeitpunkt von den Augenblickswerten der Sinusgrößen erfüllt werden müssen.

Der Unterschied zu den Gleichstromaufgaben, bei denen die Zahl der zu bestimmenden Ströme (oder Spannungen) gleich der Zahl der Unbekannten des zu lösenden Problems ist, besteht darin, daß bei Sinusstromproblemen jeder zu bestimmenden Größe *zwei* Unbekannte entsprechen: Amplitude und Phasenlage.

Mit Hilfe der in Abschn. 2.8.3 im Zeitbereich behandelten RLC-Reihenschaltung soll gezeigt werden, wie man die Zeigerdarstellung zur Bestimmung des Stromes i benutzt.

Die Spannungsgleichung ist:

$$u = R\,i + L\,\frac{di}{dt} + \frac{1}{C}\,\int i\,dt\,.$$

Das Zeigerdiagramm, das diese Gleichung „symbolisiert" (Abb.24), sagt folgendes aus: Der Spannungszeiger ist eine Summe von drei Zeigern, von denen der erste der mit R multiplizierte Stromzeiger, der zweite der um $\frac{\pi}{2}$ nach vorne und mit ωL multiplizierte Stromzeiger und der dritte der um $\frac{\pi}{2}$ zurück gedrehte und durch ωC dividierte Stromzeiger ist.

Diese Summe wird graphisch, schrittweise, durchgeführt. Man geht sinnvollerweise von einem beliebigen Zeiger für den unbekannten Strom $\underline{I}$ aus.

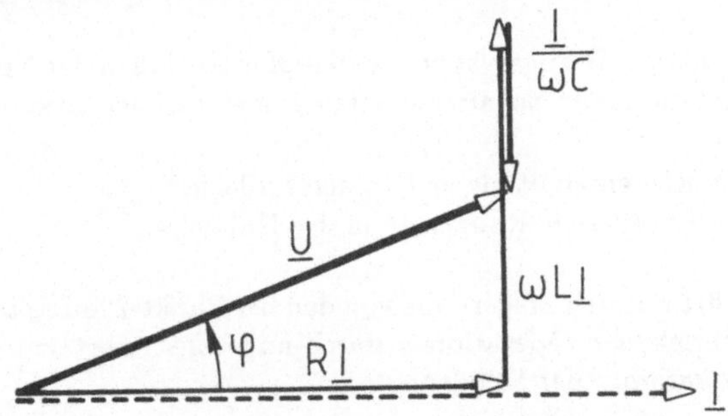

Abbildung 24: Zeigerdiagramm der RLC-Reihenschaltung

Parallel zu $\underline{I}$ verläuft der Zeiger $R\underline{I}$, um 90° vor $\underline{I}$ der Zeiger $\omega L\underline{I}$ und um 90° zurück $\frac{\underline{I}}{\omega C}$. Die geometrische Summe der drei Zeiger ergibt die Spannung $\underline{U}$. Aus dem Diagramm (Abb.24) liest man ab:

$$U^2 = (R\,I)^2 + (\omega L - \frac{1}{\omega C})^2\,I^2\,.$$

Daraus ergibt sich der Effektivwert des Stromes als:

$$I = \frac{U}{\sqrt{R^2 + (\omega L - \frac{1}{\omega C})^2}}$$

und der Phasenwinkel:

$$\tan \varphi = \frac{\omega L - \frac{1}{\omega C}}{R} \; .$$

Der gesuchte Strom ist:

$$i = I \sqrt{2} \, \sin(\omega t - \varphi) \quad .$$

Zur Anwendung der Zeigerdarstellung benutzt man im allgemeinen die folgenden Schritte:

1. Man zeichnet die Zählpfeile für Ströme und Spannungen in das Schaltbild ein. An den einzelnen Schaltelementen sind, nach dem Verbraucherzählpfeilsystem, die Zählpfeile von Strom und Spannung in gleicher Richtung.

2. Man stellt die Knoten- und Maschengleichungen auf.

3. Man legt Maßstäbe A/cm und V/cm für die maßgerechte Zeichnung der Strom- und Spannungszeiger fest.

4. Man wählt das Bezugssystem zweckmäßig so, daß in der Nullachse eine Größe liegt, die mehreren Schaltelementen gemeinsam ist, also im allgemeinen:

   bei Reihenschaltungen $\underline{I}$ in der Nullachse
   bei Parallelschaltungen $\underline{U}$ in der Nullachse.

5. Man führt mit den Zeigern die von den bei Punkt 2 aufgestellten Gleichungen vorgeschriebenen Operationen durch und konstruiert somit das vollständige Zeigerdiagramm der Schaltung.

6. Man liest die gesuchten Ströme oder Spannungen ab.

Bemerkung: Die Festlegung der Vorzeichenbedeutung des Winkels $\varphi = \varphi_u - \varphi_i$ zwischen Spannung und Strom gilt auch hier und führt zu der Regel: Der Winkel φ wird vom Stromzeiger ausgehend zum Spannungszeiger gezählt. Zeigt φ entgegen dem Uhrzeigersinn, so gilt $\varphi > 0$.

Beispiel 3.1:

Bei einer RLC-Reihenschaltung sind die Effektivwerte von drei Spannungen bekannt, die vierte Spannung soll bestimmt werden.

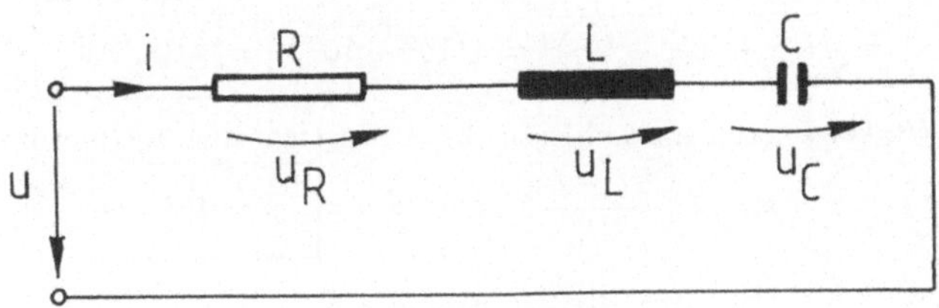

Ermitteln Sie mit Hilfe des Zeigerdiagramms der Spannungen den Effektivwert der unbekannten Spannung und die Phasenverschiebung φ zwischen der Eingangsspannung u und dem Strom i für die Fälle:

a) $U_R = 10\,V$; $U_L = 20\,V$; $U_C = 10\,V$;   U=?

b) $U_R =?$; $U_L = 110\,V$; $U_C = 150\,V$; $U = 50\,V$.

Lösung:

a) Hier gilt die Maschengleichung: $u = u_R + u_L + u_C$.

In der Nullachse zeichnet man den Strom $\underline{I}$, phasengleich mit ihm die Spannung $\underline{U}_R$, mit einem gewählten Maßstab (z.B.: 1V=0,5 cm). Die Spannung $\underline{U}_L$ liegt um $\frac{\pi}{2}$ *vor* dem Strom $\underline{I}$, die Spannung $\underline{U}_C$ um $\frac{\pi}{2}$ *hinter* dem Strom $\underline{I}$.

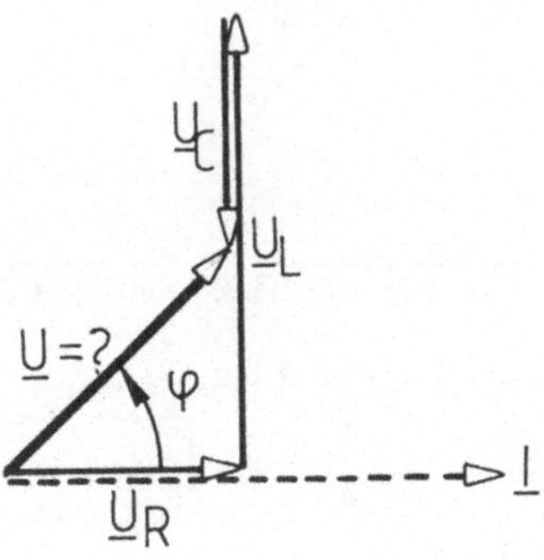

Fortsetzung Beispiel 3.1:

Die unbekannte Gesamtspannung ergibt sich als geometrische Summe der drei Teilspannungen. Man kann die Länge des Zeigers $\underline{U}$ aus dem Diagramm direkt ablesen oder, genauer, schreiben:

$$U = \sqrt{U_R^2 + (U_L - U_C)^2} = \sqrt{10^2 + 10^2}\,V = \boxed{10\sqrt{2}\,V} \quad.$$

Auch den Winkel φ kann man ablesen. Er ergibt sich auch rechnerisch:

$$\tan\varphi = \frac{U_L - U_C}{U_R} = 1 \quad \Rightarrow \quad \boxed{\varphi = 45^\circ}$$

$$u = 10\sqrt{2}\,V \cdot \sin(\omega t + 45^\circ) \quad.$$

b) Hier kennt man U_R nicht. Man zeichnet wieder in der Horizontale den Strom $\underline{I}$. Irgendwo auf dieser Achse zeichnet man um 90° nach vorne gedreht den Zeiger $\underline{U}_L$ und um 90° zurück den Zeiger $\underline{U}_C$. Der untere Punkt P wird die Spitze des Summen-Zeigers $\underline{U}$ sein. Da die Länge des $\underline{U}$-Zeigers bekannt ist, geht man von P aus bis zu einem Punkt 0 auf der $\underline{I}$-Achse, der dem Effektivwert von $\underline{U}$ entspricht. 0 ist der Anfang der Zeiger $\underline{U}_R$ und $\underline{U}$. Jetzt kann man U_R und φ direkt ablesen.

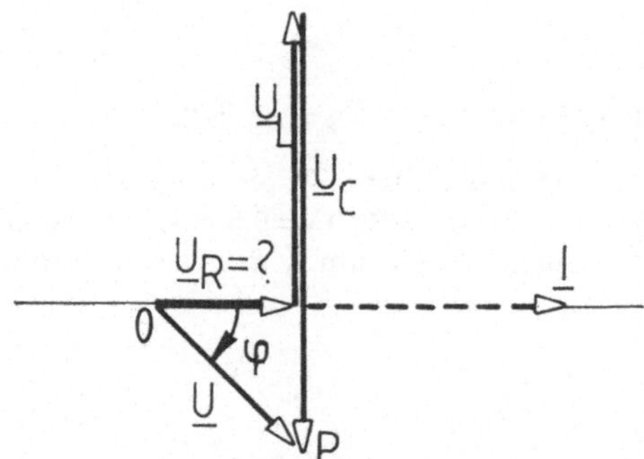

Es ist:

$$U_R = \sqrt{U^2 - (U_C - U_L)^2} = \sqrt{50^2 - 40^2}\,V = \boxed{30\,V} \quad.$$

Der Winkel φ ist negativ (zeigt im Uhrzeigersinn):

$$\tan\varphi = -\frac{4}{3} \quad \Rightarrow \quad \boxed{\varphi = -53,1^\circ} \quad.$$

Die Schaltung verhält sich kapazitiv, da der Strom der Spannung *voreilt*.

Beispiel 3.2:

Bei einer Parallelschaltung von drei Elementen: R, L, C sind die Effektivwerte von drei Strömen bekannt, der vierte soll bestimmt werden.

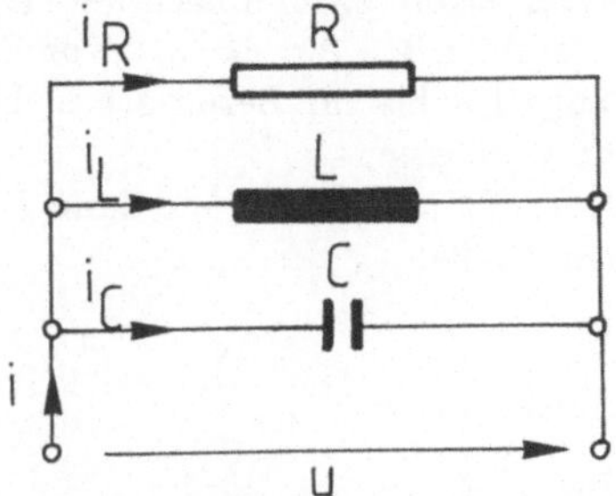

Bestimmen Sie mit Hilfe des Zeigerdiagramms den Effektivwert des vierten Stromes und die Phasenverschiebung zwischen dem Gesamtstrom und der angelegten Spannung für die folgenden Fälle:

a) $I_R = 3\,A$; $I_L = 5\,A$; $I_C = 1\,A$; $I =?$
b) $I_R =?$; $I_L = 0,4\,A$; $I_C = 1,2\,A$; $I = 1\,A$.

Lösung:

a) Hier gilt die Knotengleichung: $i = i_R + i_L + i_C$. Als Bezugsgröße in der Nullachse kann man $\underline{U}$ annehmen. Phasengleich mit $\underline{U}$ liegt $\underline{I_R}$. Um 90° *hinter* der Spannung liegt der induktive Strom $\underline{I_L}$, um 90° *vor* der Spannung $\underline{I_C}$. Ihre geometrische Summe ergibt den gesuchten Gesamtstrom $\underline{I}$. Seinen Effektivwert und seinen Phasenwinkel kann man direkt ablesen oder errechnen:

$$I = \sqrt{I_R^2 + (I_L - I_C)^2} = \sqrt{3^2 + 4^2}\,A = \boxed{5\,A}$$

$$\varphi = \arctan \frac{I_L - I_C}{I_R} = \arctan \frac{4}{3} \Rightarrow \boxed{\varphi = 53,1°} \quad .$$

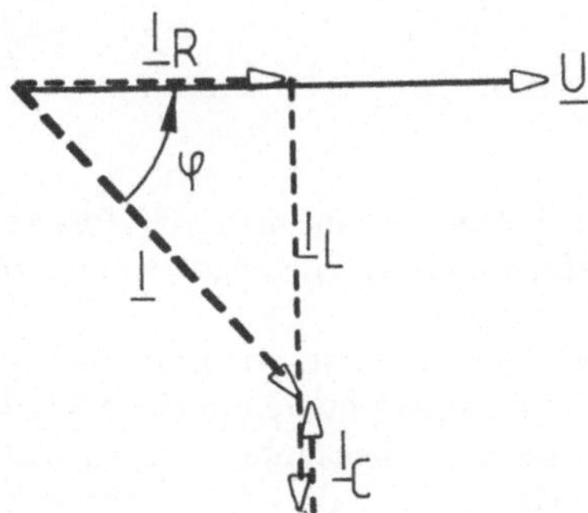

Der Strom liegt hinter der Spannung, der Verbraucher ist induktiv.

Fortsetzung Beispiel 3.2:

b) Da $\underline{I}_R$ unbekannt ist, zeichnet man in irgendeinem Punkt der horizontalen Achse nach oben den kapazitiven Strom $\underline{I}_C$ und nach unten den induktiven Strom $\underline{I}_L$, in dem ausgewählten Maßstab (z.B. $1\,A = 10\,cm$). Von dem Punkt P aus zeichnet man einen Zeiger der Länge $1\,A$ bis zur Bezugsachse. Das ist der Summenzeiger $\underline{I}$. Jetzt kann man I_R und φ ablesen.
Bemerkung: Man kann zuerst $\underline{I}_L$ nach unten und dann $\underline{I}_C$ nach oben zeichnen, der Punkt P liegt an derselben Stelle.

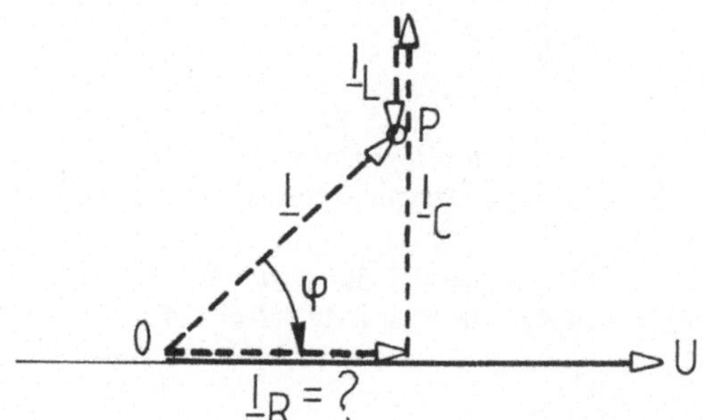

Es ist:

$$I_R = \sqrt{I^2 - (I_C - I_L)^2} = \sqrt{1^2 - 0,8^2}\,A = \boxed{0,6\,A} \quad .$$

Der Winkel φ ist negativ:

$$\tan\varphi = \frac{0,8}{0,6} \quad \Rightarrow \quad \boxed{\varphi = -53,1^o} \quad .$$

Die Schaltung verhält sich in diesem Falle kapazitiv.

Beispiel 3.3:

In der folgenden Schaltung kann man die Phasenverschiebung zwischen der Ausgangsspannung U_{AB} und der Eingangsspannung U mit Hilfe des Widerstandes R_1 einstellen.
Wenn $R_2 = 5\,\Omega$ und $X_2 = 15\,\Omega$ ist, wie groß muß R_1 sein, damit die Ausgangsspannung U_{AB} der Eingangsspannung um einen Winkel $\varphi_1 = 30^o$ voreilt?
Hinweis: Man geht von einem bekannten Strom $\underline{I}$ aus und zeichnet das Zeigerdiagramm der Spannungen.

Fortsetzung Beispiel 3.3:

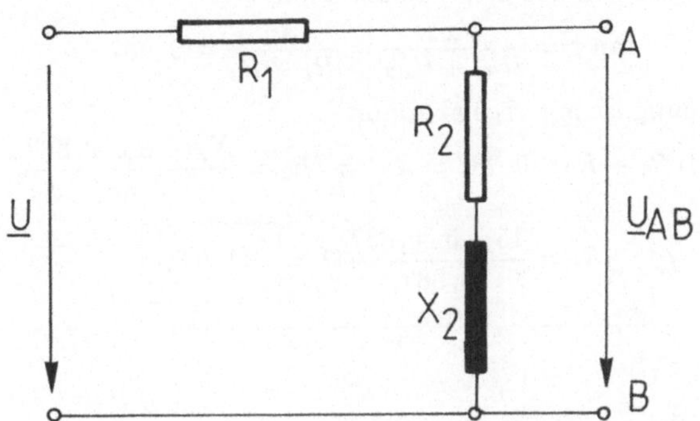

Lösung:

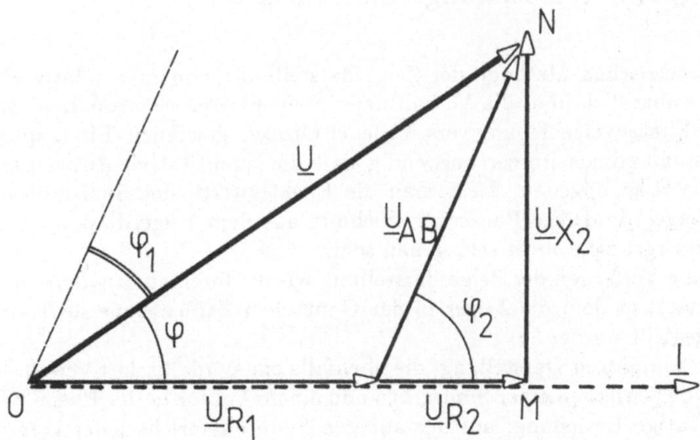

Es gilt:

$$\underline{U}_{R1} = R_1\underline{I} \quad ; \quad \underline{U}_{R2} = R_2\underline{I} \quad ; \quad \underline{U}_{X2} = X_2\underline{I} \quad .$$

Den Winkel φ_2 kann man gleich bestimmen:

$$\tan\varphi = \frac{U_{X2}}{U_{R2}} = \frac{X_2}{R_2} = \frac{15}{5} = 3 \;\Rightarrow\; \varphi_2 = 71,56^\circ \quad .$$

Man sieht, daß:

$$\varphi_1 + \varphi = \varphi_2$$

ist. Da $\varphi_1 = 30^\circ$ sein soll, ergibt sich:

$$\varphi = \varphi_2 - \varphi_1 = 71,56^\circ - 30^\circ = 41,56^\circ \quad .$$

Fortsetzung Beispiel 3.3:

Andererseits ergibt sich aus dem Dreieck OMN:

$$\tan \varphi = \frac{U_{X2}}{U_{R1} + U_{R2}} = \frac{X_2}{R_1 + R_2} = 0,887 \quad .$$

In dieser Gleichung ist nur R_1 unbekannt.

$$(R_1 + R_2) \cdot 0,887 = X_2 \;\Rightarrow\; R_1 = \frac{X_2 - R_2 \cdot 0,887}{0,887}$$

$$R_1 = \frac{15 - 5 \cdot 0,887}{0,887}\,\Omega = \boxed{11,9\,\Omega} \quad .$$

3.3   Komplexe Darstellung von Sinusgrößen

Mit der geometrischen Methode der Zeigerdarstellung kann man relativ einfach einen Gesamtüberblick über die Verhältnisse in einem Wechselstromkreis, vor allem über die Phasenverschiebung verschiedener Größen, gewinnen. Ein graphisches Verfahren ist allerdings immer aufwendig und die quantitative Auswertung ist verständlicherweise ungenau. Liest man die Effektivwerte der Sinusgrößen (die Länge der Zeiger) und ihre Phasenverschiebung aus dem Zeigerdiagramm ab, so können diese Ergebnisse nicht sehr genau sein.

Das graphische Verfahren der Zeigerdarstellung wurde durch ein *analytisches* Verfahren erweitert, in dem die Zeiger in der Gaußschen Zahlenebene als komplexe Größen dargestellt werden.

Die Idee der komplexen Darstellung, die ebenfalls ein symbolisches Verfahren ist, ist die folgende: Zwischen einer Sinusgröße und einem Vektor in der Ebene besteht eine eineindeutige Beziehung; auf der anderen Seite entspricht jeder komplexen Zahl in der Gaußschen Zahlenebene ein Punkt, somit auch ein Zeiger, der diesen Punkt mit dem Koordinatenursprung verbindet (siehe Abb.25). Dann muß auch eine eineindeutige Beziehung zwischen einer Sinusgröße und einer komplexen Zahl bestehen.

Da die Operationen mit komplexen Zahlen einfacher durchführbar sind als mit den Zeitfunktionen und die Differentialgleichungen der Wechselstromkreise eine leicht zu systematisierende Form bekommen, hat sich die komplexe Darstellung als das meist verwendete Verfahren zur Behandlung von Wechselstromkreisen durchgesetzt. Zusätzlich zu den analytischen, genauen Berechnungen wird jedoch oft das Zeigerdiagramm herangezogen, um auch einen anschaulichen Überblick zu gewinnen.

3.3.1 Darstellung einer Sinusgröße als komplexe Zahl

Jeder Punkt P in der Gaußschen Zahlenebene wird durch eine komplexe Zahl $(a + jb)$ beschrieben, wo a der reelle und jb der imaginäre Teil ist.

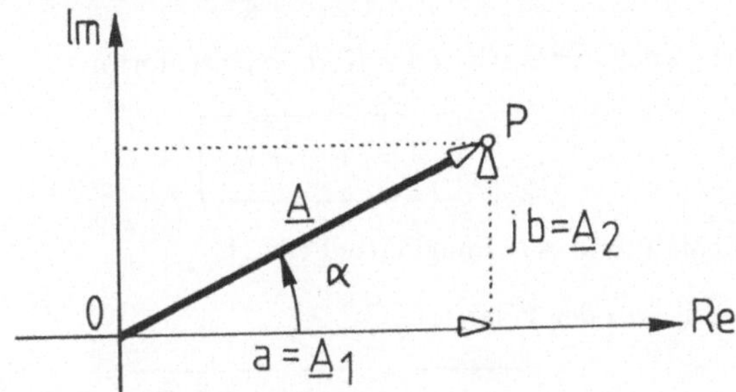

Abbildung 25: Zeiger in der komplexen Ebene

Dem Punkt P entspricht ein Zeiger ($\underline{A}$), der ihn mit dem Nullpunkt verbindet. Dieser Zeiger ist eindeutig bezeichnet:

$$\underline{A} = a + jb = \underline{A}_1 + \underline{A}_2 \tag{82}$$

(komplexe Zeiger werden genau so bezeichnet wie die Zeiger selbst).
Ber Betrag des Zeigers ergibt sich nach Abb.25 als:

$$|\underline{A}| = \sqrt{A_1^2 + A_2^2} \tag{83}$$

und der Winkel mit der reellen Achse als:

$$\alpha = \arctan \frac{A_2}{A_1} \quad . \tag{84}$$

Der komplexe Zeiger kann (Abb.25) in zwei Komponenten zerlegt werden:

$$\begin{aligned}
\text{Realteil} &\quad : \quad A_1 = |\underline{A}| \cdot \cos\alpha \\
\text{Imaginärteil} &\quad : \quad A_2 = |\underline{A}| \cdot \sin\alpha
\end{aligned}$$

also:

$$\underline{A} = |\underline{A}| \, (\cos\alpha + j\sin\alpha). \tag{85}$$

Setzt man die Eulersche Gleichung:

$$\cos\alpha + j\sin\alpha = e^{j\alpha}$$

ein, so ergibt sich eine besonders anschauliche Form für den Zeiger $\underline{A}$:

$$\underline{A} = |\underline{A}| \cdot e^{j\alpha} = A \cdot e^{j\alpha} \quad . \tag{86}$$

Der komplexe Zeiger $\underline{A}$ kann also durch einen reellen Zeiger A beschrieben werden, der durch Multiplikation mit $e^{j\alpha}$ um den Winkel α aus der reellen Achse *verdreht* ist (Abb.25).

Komplexe Zeiger können also in drei Formen dargestellt werden:

1. Algebraische oder kartesische oder Komponentenform:

$$\underline{A} = A_1 + jA_2 \qquad (87)$$

mit A_1=Realteil und A_2=Imaginärteil von $\underline{A}$.

2. Trigonometrische oder Polarform:

$$\underline{A} = A\,(\cos\alpha + j\,\sin\alpha) \qquad (88)$$

mit A=Betrag und α=Argument (Winkel) von $\underline{A}$.

3. Exponentialform:

$$\underline{A} = A\,e^{j\alpha} \qquad (89)$$

mit A=Betrag und α=Argument (Winkel) von $\underline{A}$.

Alle drei Formen werden eingesetzt, denn jede ist für bestimmte Rechenoperationen vorteilhafter als die anderen. Die Umrechnung von einer Form in die andere wird von den meisten Taschenrechnern nach einer bestimmten Vorschrift durchgeführt. Dabei wird folgenderweise verfahren:

- Umrechnung Polarform-Komponentenform:

$$A_1 = A\cos\alpha \quad , \quad A_2 = A\sin\alpha \;\Rightarrow\; \underline{A} = A_1 + jA_2 \quad ,$$

- Umrechnung Komponentenform-Polarform:

$$\underline{A} = A_1 + jA_2 \;\; ; \;\; A = \sqrt{A_1^2 + A_2^2} \;\; ; \;\; \tan\alpha = \frac{A_2}{A_1}$$

$$\Rightarrow\; \underline{A} = A\,(\cos\alpha + j\,\sin\alpha) \quad oder \quad \underline{A} = A\cdot e^{j\alpha} \quad .$$

Bisher wurde der Winkel α ganz allgemein betrachtet, unabhängig davon, ob er eine Funktion der Zeit ist, oder nicht.

In der Wechselstromtechnik treten beide Arten von komplexen Größen auf:

a) zeitlich konstante Größen, auch Operatoren genannt (meist Scheinwiderstände), denen *still*stehende Zeiger entsprechen (der Winkel α mit der reellen Achse ist zeitlich konstant);

b) sinusförmige Wechselgrößen (Spannungen, Ströme), die durch *rotierende* Zeiger symbolisiert werden, wo also: $\alpha = \omega t + \varphi$ ist.

Auch wenn man die Frequenz unberücksichtigt läßt, darf man nicht außer Acht lassen, daß es sich um zeitabhängige Größen handelt.

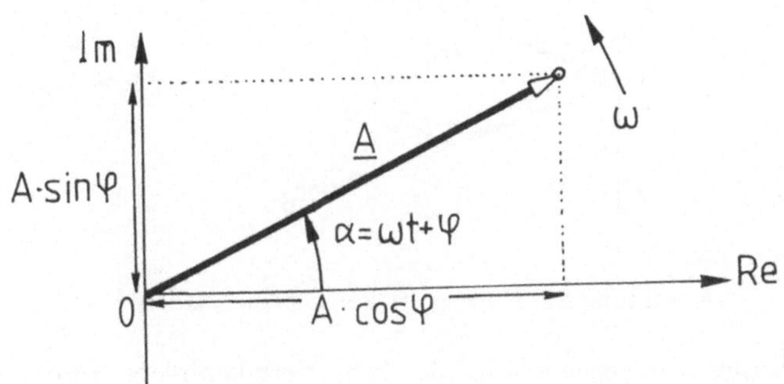

Abbildung 26: Rotierender Zeiger

Die Exponentialform: $\underline{A} = A\,e^{j(\omega t + \varphi)}$ hebt die Rotation mit der Winkelgeschwindigkeit ω hervor.

Jetzt wird deutlich, wie die Rücktransformation von dem komplexen Zeiger zu der Zeitfunktion erfolgt. Wenn man von *Sinus*größen ausgeht, so ergeben sich die Augenblickswerte als:

$$\boxed{a(t) = \sqrt{2}\,A\,\sin(\omega t + \varphi) = \sqrt{2} \cdot Im(\underline{A})} \qquad . \tag{90}$$

Bemerkung: Arbeitet man statt mit Sinus- mit *Cosinus*funktionen, so sind die gesuchten Augenblickswerte:

$$a(t) = \sqrt{2}\,A\,\cos(\omega t + \varphi) = \sqrt{2} \cdot Re(\underline{A})\,.$$

3.3.2 Rechenregeln für komplexe Zahlen

Im folgenden sollen die für die Wechselstromtechnik wichtigen Regeln und Begriffe kurz zusammengefasst werden.

Der konjugiert komplexe Ausdruck
Ein komplexer Ausdruck $\underline{A}$ und der zu diesem konjugiert komplexe $\underline{A}^*$ unterscheiden sich nur im Vorzeichen ihrer Imaginärkomponenten:

$$\underline{A} = A_1 \pm jA_2 \quad , \quad \underline{A}^* = A_1 \mp jA_2 \quad . \tag{91}$$

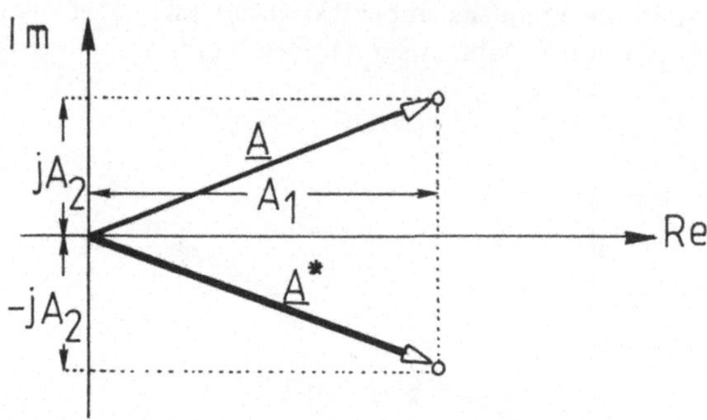

Abbildung 27: Konjugiert komplexer Ausdruck

In der Gaußschen Zahlenebene wird der konjugiert komplexe Ausdruck $\underline{A}^*$ als Spiegelbild von $\underline{A}$ in Bezug auf die reelle Achse dargestellt.
In Polar- und Exponentialform gilt:

$$\begin{aligned}
\underline{A} &= A\,(\cos\alpha + j\sin\alpha) = A \cdot e^{j\alpha} \\
\underline{A}^* &= A\,(\cos\alpha - j\sin\alpha) = A \cdot e^{-j\alpha} \quad .
\end{aligned} \tag{92}$$

Die Summe (und Differenz) komplexer Ausdrücke
Man benutzt dazu die Komponentenform. (Liegen die Zeiger in Exponentialform vor, so müssen sie zunächst überführt werden.)

$$\underline{A} = A_1 + jA_2 \quad ; \quad \underline{B} = B_1 + jB_2$$

$$\begin{aligned}
\underline{A} + \underline{B} &= (A_1 + B_1) + j(A_2 + B_2) \\
\underline{A} - \underline{B} &= (A_1 - B_1) + j(A_2 - B_2) \quad .
\end{aligned} \tag{93}$$

Das Produkt (bzw. der **Quotient**) wird vorzugsweise in Exponentialform durchgeführt.

$$\underline{A} \cdot \underline{B} = A \cdot B \cdot e^{j(\alpha+\beta)} \tag{94}$$

$$\frac{\underline{A}}{\underline{B}} = \frac{A}{B} \cdot e^{j(\alpha-\beta)} \tag{95}$$

In der Komponentenform ergibt sich:

$$(A_1 + jA_2) \cdot (B_1 + jB_2) = (A_1 B_1 - A_2 B_2) + j(B_1 A_2 + A_1 B_2) \tag{96}$$

$$\frac{A_1 + jA_2}{B_1 + jB_2} = \frac{(A_1 + jA_2)(B_1 - jB_2)}{B_1^2 + B_2^2} = \frac{A_1 B_1 + A_2 B_2}{B_1^2 + B_2^2} + j\frac{A_2 B_1 - A_1 B_2}{B_1^2 + B_2^2} \quad . \quad (97)$$

Hier wurde der Imaginärteil im Nenner durch eine konjugiert komplexe Erweiterung reell gemacht.

Ähnlich erhält man den Kehrwert eines komplexen Ausdruckes in Komponentenform:

$$\frac{1}{A_1 \pm jA_2} = \frac{A_1 \mp jA_2}{A_1^2 + A_2^2} \quad . \tag{98}$$

Besonders wichtig ist die Multiplikation einer komplexen Zahl mit dem Einheitsvektor $e^{j\theta} = \cos\theta + j\sin\theta$, die eine Drehung um den Winkel θ bedeutet:

$$\begin{aligned}
\underline{A} &= A\, e^{j\alpha}\\
\underline{A} \cdot e^{j\theta} &= A\, e^{j(\alpha+\theta)} \quad .
\end{aligned}$$

Für einige häufig vorkommende Winkel gilt:

$$\begin{aligned}
e^{j0} &= \cos 0^o + j\sin 0^o &&= 1\\
e^{j\frac{\pi}{2}} &= \cos\tfrac{\pi}{2} + j\sin\tfrac{\pi}{2} &&= j\\
e^{-j\frac{\pi}{2}} &= \cos(-\tfrac{\pi}{2}) + j\sin(-\tfrac{\pi}{2}) &&= -j\\
e^{j\pi} &= \cos\pi + j\sin\pi &&= -1 \quad .
\end{aligned} \tag{99}$$

Die Multiplikation mit j bedeutet also eine Drehung um $\frac{\pi}{2}$ im positiven Sinne, die Division durch j (Multiplikation mit $-j$) bedeutet eine Drehung um $\frac{\pi}{2}$ im negativen Sinne.

Die Multiplikation mit dem eigenen konjugierten Ausdruck ergibt eine reelle Zahl:

$$\underline{A} \cdot \underline{A}^* = A^2 \quad . \tag{100}$$

Die Potenz:

$$\underline{A}^n = A^n\,(\cos n\alpha + j\sin n\alpha) = A^n \cdot e^{jn\alpha} \quad . \tag{101}$$

Die Differentation eines komplexen Zeigers nach der Zeit ergibt sich durch Multiplikation des Betrages mit dem Faktor ω und eine Drehung um $\frac{\pi}{2}$ in positive Richtung:

$$\frac{d}{dt}\left[A\,e^{j(\omega t+\alpha)}\right] = j\omega A e^{j(\omega t+\alpha)} = \omega A e^{j(\omega t+\alpha+\frac{\pi}{2})} \quad . \tag{102}$$

Das **zeitliche Integral** eines komplexen Zeigers ergibt einen um $\frac{\pi}{2}$ in negative Richtung gedrehten Zeiger, dessen Betrag durch ω dividiert wird:

$$\int \underline{A}\, dt = \frac{A}{j\omega}\, e^{j(\omega t+\alpha)} = \frac{A}{\omega}\, e^{j(\omega t+\alpha-\frac{\pi}{2})} \quad . \tag{103}$$

Bemerkungen:

- Berechnet man das Produkt von zwei Sinusgrößen:

$$i_1 = I_1\sqrt{2}\sin(\omega t + \varphi_1)$$
$$i_2 = I_2\sqrt{2}\sin(\omega t + \varphi_2)$$

so erhält man (analog zu (34)):

$$i_1 \cdot i_2 = I_1 I_2 \cos(\varphi_1 - \varphi_2) - I_1 I_2 \cos(2\omega t + \varphi_1 + \varphi_2).$$

Multipliziert man jetzt die diese Sinusgrößen symbolisierenden komplexen Zeiger:

$$\underline{I}_1 = I_1\sqrt{2}\, e^{j(\omega t + \varphi_1)}$$
$$\underline{I}_2 = I_2\sqrt{2}\, e^{j(\omega t + \varphi_2)}$$

so ergibt sich:

$$\underline{I}_1 \cdot \underline{I}_2 = 2 I_1 I_2\, e^{j(2\omega t + \varphi_1 + \varphi_2)} \quad .$$

Der Imaginärteil dieses Produktes ist:

$$Im[\underline{I}_1 \cdot \underline{I}_2] = 2 I_1 I_2 \sin(2\omega t + \varphi_1 + \varphi_2) \neq i_1 \cdot i_2 \quad .$$

Die komplexe Darstellung darf nur dann uneingeschränkt verwendet werden, wenn durch die entsprechende Operation die Frequenz nicht verändert wird. Multiplizieren und Dividieren zweier Zeiger, die Sinusgrößen symbolisieren, ist nur unter ganz bestimmten Voraussetzungen gestattet.

- Für die Untersuchung von Wechselstromkreisen hat das folgende Produkt eine spezielle Bedeutung:

$$\begin{aligned}
\tfrac{1}{2}\underline{I}_1 \cdot \underline{I}_2^* &= \tfrac{1}{2} I_1\sqrt{2}e^{j(\omega t + \varphi_1)} \cdot I_2\sqrt{2}\, e^{-j(\omega t + \varphi_2)} &=& \\
&= I_1 I_2 e^{j(\varphi_1 - \varphi_2)} &=& \\
&= I_1 I_2 \cos(\varphi_1 - \varphi_2) + j I_1 I_2 \sin(\varphi_1 - \varphi_2) \quad .
\end{aligned} \tag{104}$$

Dieses Produkt hat interessante Eigenschaften: Es ist nicht mehr zeitabhängig, hängt nur von den Effektivwerten und von der Phasenverschiebung, nicht von dem Zeitursprung, ab; sein Realteil ist gleich dem Mittelwert des Produktes der Augenblickswerte:

$$Re[\tfrac{1}{2}\underline{I}_1 \cdot \underline{I}_2^*] = I_1 I_2 \cos(\varphi_1 - \varphi_2) = \widetilde{i_1 i_2} = \frac{1}{T}\int_0^T i_1 \cdot i_2\, dt \quad . \tag{105}$$

Aus der Betrachtung der Rechenregeln für komplexe Zeiger ergibt sich die wichtige Schlußfolgerung, daß allen Rechenoperationen mit Sinusgrößen, die in den Gleichungen der Wechselstromkreise auftreten, algebraische Operationen mit den symbolisierenden komplexen Zeigern entsprechen.

Somit transformiert die Methode der komplexen Darstellung die Differentialgleichungen der Wechselstromkreise für Ströme und Spannungen in lineare, algebraische Gleichungen 1. Ordnung für die symbolisierenden komplexen Zeiger. Damit kann man alle Methoden der Netzwerkanalyse, die man in der Gleichstromtechnik benutzt und die von linearen algebraischen Gleichungssystemen ausgehen (Maschen- und Knotenanalyse), in die Wechselstromtechnik übernehmen.

3.3.3 Anwendung der komplexen Darstellung in der Wechselstromtechnik

Die komplexe Behandlung von Wechselstromnetzwerken ist ein **symbolisches** Verfahren, d.h. statt den physikalischen Größen Spannung und Strom:

$$u(t) = \sqrt{2}\, U \sin(\omega t + \varphi_u) \quad ; \quad i(t) = \sqrt{2}\, I \sin(\omega t + \varphi_i)$$

benutzt man Symbole, mit denen die bestehenden Aufgaben erheblich leichter zu lösen sind. Zum Schluß kann man die Symbole in die Zeitfunktionen rücktransformieren.

Wie bereits gezeigt, kann man Sinusgrößen symbolisch durch rotierende komplexe Zeiger darstellen:

$$\underline{U}(t) = U\sqrt{2}\, e^{j(\omega t + \varphi_u)} \quad ; \quad \underline{I}(t) = I\sqrt{2}\, e^{j(\omega t + \varphi_i)}$$

Man hat gemerkt, daß wenn alle in den Gleichungen vorkommenden Sinusgrößen die gleiche Frequenz haben, alle Ströme und Spannungen einen gemeinsamen Faktor: $\sqrt{2}\, e^{j\omega t}$ enthalten, der somit ausgekürzt werden kann. Damit werden alle rotierenden Zeiger formal durch stehende Zeiger beschrieben. Die komplexen Darstellungen der Funktionen $u(t)$ und $i(t)$ werden:

$$\boxed{\underline{U} = U\, e^{j\varphi_u}} \quad ; \quad \boxed{\underline{I} = I\, e^{j\varphi_i}} \quad . \tag{106}$$

Diese formale „Verstümmelung" der Zeiger verändert nicht den physikalischen Charakter der symbolisierten Sinusgrößen, die ja, wie bereits erläutert, durch zwei Parameter eindeutig beschrieben werden können: ihre Amplitude und ihr Nullphasenwinkel (falls alle Sinusgrößen die gleiche Frequenz aufweisen).

Die durch die Formel (106) definierte Darstellung von Sinusgrößen durch stehende komplexe Zeiger, deren Beträge die Effektivwerte der Sinusgrößen sind, wird heute allgemein zur rechnerischen Behandlung von Wechselstromaufgaben benutzt.

Die Rücktransformation zu den Zeitfunktionen erfolgt nach der Vorschrift:

$$\boxed{u(t) = Im\{\sqrt{2}\, e^{j\omega t}\, \underline{U}\}} \quad ; \quad \boxed{i(t) = Im\{\sqrt{2}\, e^{j\omega t}\, \underline{I}\}} \quad . \tag{107}$$

Die symbolische Methode der komplexen Zeigerdarstellung wird folgendermaßen angewendet:

a) Man schreibt die Differentialgleichung der Stromkreise mit den reellen Sinusfunktionen im Zeitbereich.

b) Die reellen Zeitfunktionen werden symbolisch ersetzt durch ruhende komplexe Zeiger, deren Betrag gleich dem Effektivwert ist (nach der Hintransformationsregel (106)).

c) Man schreibt die komplexe Darstellung der Differentialgleichungen von Punkt a) und zwar direkt, indem man die Differentiationen durch $j\omega$ und die Integrationen nach der Zeit durch $\frac{1}{j\omega}$ ersetzt.

d) Die resultierenden algebraischen Gleichungen erster Ordnung werden gelöst und die Unbekannten (meistens Ströme) in komplexer Form bestimmt.

e) Mit den Rücktransformationsformeln (107) bestimmt man die unbekannten Sinusgrößen.

Bei den praktischen Rechnungen werden meistens die Punkte a) und b) weggelassen und man schreibt die Gleichungen direkt in komplexer Form. Auch Punkt e) ist meistens überflüssig, da die Zeitfunktionen selten gesucht werden.

Als Beispiel für die Anwendung der komplexen Darstellung soll nochmal die Reihenschaltung R-L-C, für die im Abschnitt 3.2.4 das Zeigerdiagramm aufgestellt wurde, betrachtet werden.
Die Differentialgleichung wird direkt in die komplexe Form umgeschrieben:

$$u = R\,i + L\,\frac{di}{dt} + \frac{1}{C}\int i\,dt \tag{108}$$

$$\underline{U} = R\,\underline{I} + j\omega L\,\underline{I} + \frac{1}{j\omega C}\,\underline{I} \quad . \tag{109}$$

Aus: $\underline{U} = (R + j\omega L - \frac{j}{\omega C})\underline{I}$ ergibt sich der gesuchte Strom:

$$\underline{I} = \frac{U\,e^{j\varphi_u}}{\sqrt{R^2 + (\omega L - \frac{1}{\omega C})^2}\,e^{j\,\arctan\frac{\omega L - \frac{1}{\omega C}}{R}}} = \frac{U}{\sqrt{R^2 + (\omega L - \frac{1}{\omega C})^2}}\,e^{j(\varphi_u - \varphi_i)}$$

mit $\tan\varphi_i = \dfrac{\omega L - \frac{1}{\omega C}}{R}$.

Die Rücktransformation ergibt für den Strom:

$$i(t) = \frac{U\sqrt{2}}{\sqrt{R^2 + (\omega L - \frac{1}{\omega C})^2}}\,\sin(\omega t + \varphi_u - \varphi_i) \quad .$$

Die analytische Berechnung wird oft vom Zeigerdiagramm begleitet, wobei die graphische Konstruktion die komplexe Gleichung (109) in der komplexen Ebene wiedergibt. Dabei bedeutet die Multiplikation mit j eine Drehung im positiven Sinne um $\frac{\pi}{2}$, die mit $(-j)$ im negativen Sinne.

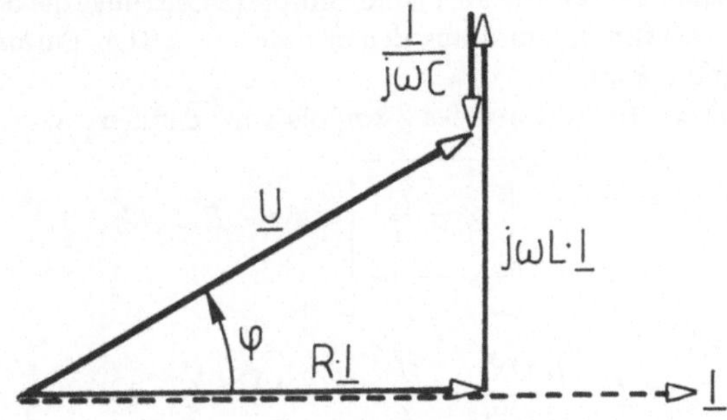

Abbildung 28: Diagramm mit komplexen Zeigern für die RLC-Reihenschaltung

3.3.4 Komplexe Impedanzen und Admittanzen

Ein passiver Zweipol, der von der Sinusspannung

$$u = U\,\sqrt{2}\,\sin(\omega t + \varphi_u) \rightleftharpoons \underline{U} = U\,e^{j\varphi_u}$$

gespeist wird, nimmt den folgenden Strom auf:

$$i = I\,\sqrt{2}\,\sin(\omega t + \varphi_i) \rightleftharpoons \underline{I} = I\,e^{j\varphi_i}\quad.$$

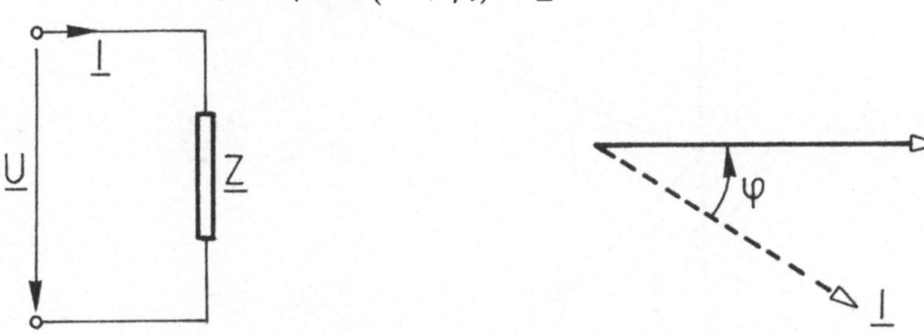

Abbildung 29: Passiver Zweipol und Zeigerdiagramm

Ein Zweipol wird bei Wechselstrom von seinen im Abschnitt 2.9 definierten Parametern gekennzeichnet: Impedanz, Phasenwinkel, Resistanz, Reaktanz, Admittanz, Konduktanz und Suszeptanz. Sein energetisches Verhalten wird von den im

Abschnitt 2.10 definierten Leistungen (Wirk-, Blind- und Scheinleistung) beschrieben.

Es soll gezeigt werden, daß man komplexe Operatoren definieren kann (komplexe Impedanz oder komplexer Scheinwiderstand und komplexe Admittanz oder komplexer Scheinleitwert), wie auch eine komplexe Leistung, die den Wechselstromkreis vollständig bestimmen und aus denen man alle realen Parameter und Leistungen direkt ableiten kann.

Die **komplexe Impedanz** des Zweipols wird definiert als:

$$\boxed{\underline{Z} = \frac{\underline{U}}{\underline{I}}} = f_z(\omega; R, L, C, \ldots) \tag{110}$$

oder weiter:

$$\underline{Z} = \frac{U\,e^{j\varphi_u}}{I\,e^{j\varphi_i}} = \frac{U}{I}\,e^{j(\varphi_u - \varphi_i)} = \frac{U}{I}\cos\varphi + j\frac{U}{I}\sin\varphi \tag{111}$$

und auch, wie für jede komplexe Zahl:

$$\boxed{\underline{Z} = Z\,e^{j\varphi} = R + jX} \tag{112}$$

(hier hat man die Definitionen (52) und (53) für R und X berücksichtigt.)

$\underline{Z}$ ist eine komplexe Größe, die durch einen stehenden „Zeiger" dargestellt werden kann. Der Winkel φ liegt in der komplexen Ebene von $\underline{Z}$ eindeutig fest; zeichnet man Zeigerdiagramme für Impedanzen, so müssen demzufolge die reelle und imaginäre Achse markiert werden.

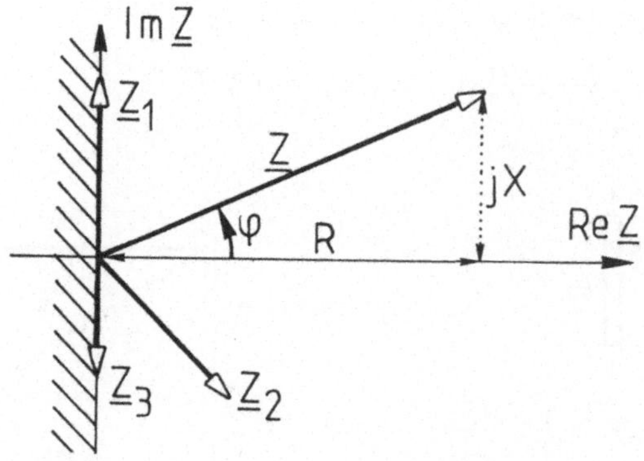

Abbildung 30: Impedanz-Zeigerdiagramm für einen passiven Zweipol

Der Zeiger $\underline{Z}$ befindet sich immer in der rechten Halbebene, da $Re\{\underline{Z}\} = R \geq 0$ ist. Auf Abb.30 sind vier $\underline{Z}$-Zeiger abgebildet, die einem induktiven $(\underline{Z})$, rein induktiven $(\underline{Z}_1)$, kapazitiven $(\underline{Z}_2)$ und rein kapazitiven $(\underline{Z}_3)$ Stromkreis entsprechen.

Der Betrag der komplexen Impedanz ist die Impedanz $Z = \frac{U}{I}$ des Kreises, ihr Argument ist gleich der Phasenverschiebung $\varphi = \varphi_u - \varphi_i$, der Realteil ist die Resistanz (oder Wirkwiderstand) und der Imaginärteil die Reaktanz (Blindwiderstand) des Wechselstromkreises:

$$\boxed{Z = |\underline{Z}| \quad ; \quad \varphi = arg\{\underline{Z}\} \quad ; \quad R = Re\{\underline{Z}\} \quad ; \quad X = Im\{\underline{Z}\}} \quad . \tag{113}$$

Somit bestimmt $\underline{Z}$ vollständig den Wechselstromkreis, bei einer gegebenen Frequenz.

Der Strom $\underline{I}$ kann gleich abgeleitet werden:

$$\underline{I} = \frac{U}{\underline{Z}} = \frac{U\,e^{j\varphi_u}}{Z\,e^{j\varphi}} = \frac{U}{Z}\,e^{j(\varphi_u - \varphi)}$$

und die Zeitfunktion ist:

$$i(t) = Im\{\sqrt{2}\,e^{j\omega t}\,\underline{I}\} \quad .$$

Der Operator der **komplexen Admittanz** $\underline{Y}$ wird als Kehrwert der Impedanz definiert:

$$\boxed{\underline{Y} = \frac{\underline{I}}{\underline{U}} = \frac{1}{\underline{Z}}} = f_Y(\omega;\,R, L, C, \ldots) \tag{114}$$

oder:

$$\underline{Y} = \frac{I\,e^{j\varphi_i}}{U\,e^{j\varphi_u}} = \frac{I}{U}\,e^{-j\varphi} = \frac{I}{U}\cos\varphi - j\,\frac{I}{U}\sin\varphi \tag{115}$$

$$\boxed{\underline{Y} = Y\,e^{-j\varphi} = G - jB} \quad . \tag{116}$$

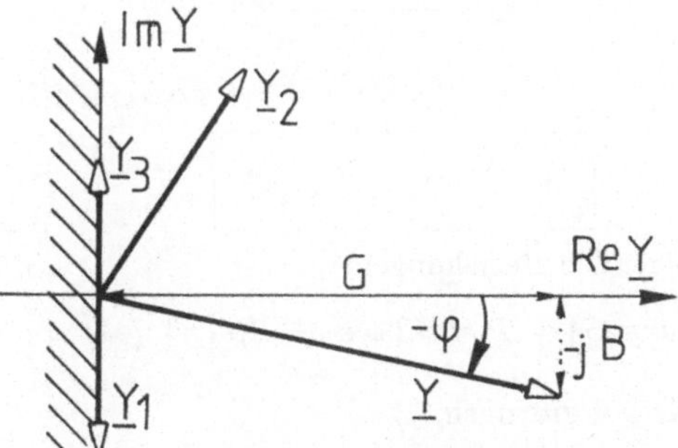

Abbildung 31: Admittanz-Zeigerdiagramm

Der Zeiger $\underline{Y}$ befindet sich ebenfalls in der rechten Halbebene, wegen $G \geq 0$.
Der Betrag der komplexen Admittanz ist die Admittanz $Y = \frac{I}{U}$ des Stromkreises, ihr Argument ist die Phasenverschiebung φ mit umgekehrtem Vorzeichen,

der Realteil ist die Konduktanz G und ihr Imaginärteil die Suszeptanz B (mit Minusvorzeichen):

$$\boxed{Y = |\underline{Y}| \quad ; \quad \varphi = -arg\{\underline{Y}\} \quad ; \quad G = Re\{\underline{Y}\} \quad ; \quad B = -Im\{\underline{Y}\}} \quad . \quad (117)$$

Somit kann auch $\underline{Y}$ einen Wechselstromkreis bei gegebener Frequenz vollständig bestimmen.

In die Abb.31 wurden vier $\underline{Y}$-Zeiger eingezeichnet, die einem induktiven $(\underline{Y})$, rein induktiven $(\underline{Y}_1)$, kapazitiven $(\underline{Y}_2)$ und einem rein kapazitiven $(\underline{Y}_3)$ Wechselstromkreis entsprechen.

Sowohl $\underline{Z}$ als auch $\underline{Y}$ sind also keine zeitabhängigen Größen, wie die Ströme und Spannungen, sondern komplexe Parameter, die den Stromkreis definieren und in Gleichungen wie Operatoren wirken.

3.3.5 Komplexe Leistung

Die Augenblickleistung an einem Zweipol:

$$p = u \cdot i = U\,I\,\cos\varphi - U\,I\,\cos(2\omega t + \varphi_u + \varphi_i)$$

(70) kann *nicht* komplex dargestellt werden, wie dies für Sinusgrößen mit der Transformationsvorschrift (106) möglich ist.

Man hat eine andere, komplexe Größe eingeführt, welche ermöglicht, die drei Leistungen: Wirk-, Blind- und Scheinleistung in einem Ausdruck zusammenzufassen.

Man nennt **komplexe Leistung** (oder komplexe Scheinleistung) das Produkt der komplexen Spannung mit dem komplex konjugierten Strom:

$$\boxed{\underline{S} = \underline{U} \cdot \underline{I}^*} \quad . \tag{118}$$

Es ist:

$$\underline{S} = U\,e^{j\varphi_u} \cdot I\,e^{-j\varphi_i} = U\,I\,e^{j(\varphi_u - \varphi_i)} = U I \cos\varphi + j U I \sin\varphi \tag{119}$$

$$\boxed{\underline{S} = S\,e^{j\varphi} = P + jQ} \quad . \tag{120}$$

Es ergeben sich die folgenden Beziehungen:

$$S = |\underline{S}| = U I \quad ; \quad \varphi = arg\{\underline{S}\} \quad ; \quad P = U I \cos\varphi = Re\{\underline{S}\} \quad ; \quad Q = U I \sin\varphi = Im\{\underline{S}\}$$
$$\tag{121}$$

Für einen passiven Zweipol gilt noch:

$$\underline{S} = \underline{Z} \cdot I^2 = \underline{Y}^* \cdot U^2 = (R + jX)I^2 = (G + jB)U^2 \quad . \tag{122}$$

Bemerkung: Würde man versuchen, eine komplexe Größe als Produkt der komplexen Spannung mit dem komplexen Strom (nicht konjugiert):

$$\underline{U} \cdot \underline{I} = U\,e^{j\varphi_u} \cdot I\,e^{j\varphi_i} = U\,I\,\cos(\varphi_u + \varphi_i) + j\,U\,I\,\sin(\varphi_u + \varphi_i)$$

zu definieren, so hätte eine solche Größe keine physikalische Bedeutung, denn sie hängt (über die Summe der Nullphasenwinkel) von der Wahl des Zeitursprungs ab, der jedoch beliebig sein muß.

Dagegen kann man mit der konjungiert komplexen Spannung:

$$\underline{S}^* = \underline{U}^* \cdot \underline{I} = P - jQ$$

genauso gut arbeiten, wie mit $\underline{S}$. Dann würde jedoch die von einer Induktivität aufgenommene Blindleistung negativ sein.

Wie jede komplexe Zahl kann auch die komplexe Leistung in einer komplexen Ebene (eine andere, als die der Ströme und Spannungen), als Zeiger dargestellt werden.

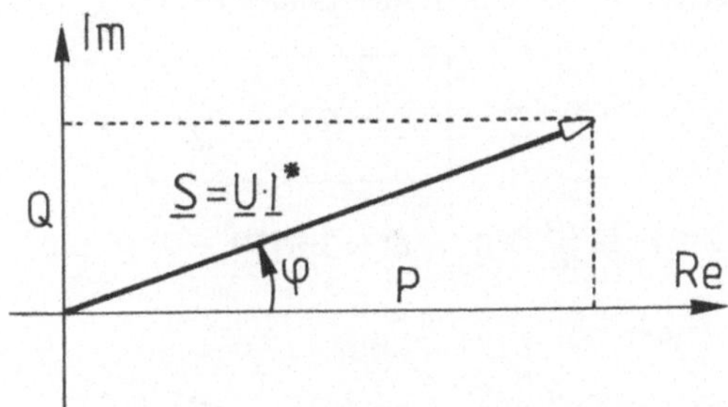

Abbildung 32: Komplexer Leistungszeiger

3.3.6 Die Grundschaltelemente in komplexer Darstellung

Bei Sinusstrom sind im Gegensatz zum Gleichstrom, wo alle passiven Zweipole als Widerstände R betrachtet werden können, die drei passiven Zweipole: Widerstand R, Induktivität L und Kapazität C, zu beachten.

Sie sollen im folgenden wieder, wie in den Abschnitten 2.2, 2.4, 2.5 und 3.2.3 als idealisierte Zweipole betrachtet werden, die diesmal an einer Sinusspannung mit der komplexen Darstellung $\underline{U} = U\,e^{j\varphi_u}$ liegen. Der Strom $\underline{I}$, die Parameter $\underline{Z}$ und $\underline{Y}$ des Stromkreises und die Leistungen (Wirk-, Blind- und Scheinleistung) in komplexer Darstellung sollen bestimmt werden.

a) Idealer Widerstand R

$$u = R \cdot i \quad \rightleftharpoons \quad \boxed{\underline{U} = R \cdot \underline{I}} \quad . \tag{123}$$

Aus (123) ergibt sich:

- die komplexe Impedanz:

$$\frac{U}{I} = \boxed{\underline{Z} = R} \tag{124}$$

mit: $Z = R$, $\varphi = 0$, $Re\{\underline{Z}\} = R$, $Im\{\underline{Z}\} = X = 0$,

- die komplexe Admittanz:

$$\frac{I}{U} = \boxed{\underline{Y} = \frac{1}{R}} \tag{125}$$

mit: $Y = \frac{1}{R}$, $Re\{\underline{Y}\} = G = \frac{1}{R}$, $Im\{\underline{Y}\} = B = 0$.

Die komplexe Leistung des idealen Widerstandes ist:

$$\underline{U} \cdot \underline{I}^* = \boxed{\underline{S} = R\,I^2 = \frac{U^2}{R}} \tag{126}$$

mit: $P = Re\{\underline{S}\} = R\,I^2 = \frac{U^2}{R} > 0$, $Q = Im\{\underline{S}\} = X\,I^2 = 0$, $\cos\varphi = 1$.

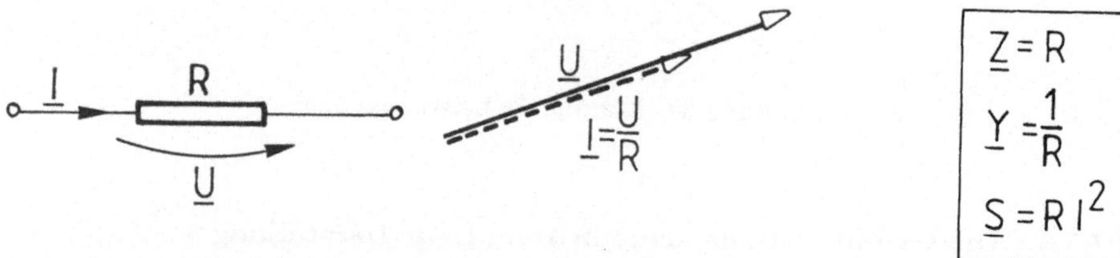

Abbildung 33: Strom und Spannung am Widerstand R (links) und Zeigerdiagramm der komplexen Zeiger (rechts)

Die komplexen Zeiger $\underline{I}$ und $\underline{U}$ haben dieselbe Richtung (Abb.33), was die Gleichphasigkeit der Zeitfunktionen i und u zum Ausdruck bringt.

b) Ideale Induktivität
Die Spannungsgleichung ist:

$$u = L\frac{di}{dt} \;\; \rightleftharpoons \;\; \boxed{\underline{U} = j\omega L \cdot \underline{I}} \;\; . \tag{127}$$

Die Parameter des Stromkreises sind:

- komplexe Impedanz:

$$\frac{\underline{U}}{\underline{I}} = \boxed{\underline{Z} = j\omega L} \tag{128}$$

mit: $Z = \omega L$, $\varphi = \frac{\pi}{2}$, $R = 0$, $X = \omega L > 0$,

- komplexe Admittanz:

$$\frac{\underline{I}}{\underline{U}} = \boxed{\underline{Y} = \frac{1}{j\omega L}} \tag{129}$$

mit: $Y = \frac{1}{\omega L}$, $G = 0$, $B = \omega L > 0$.

Die komplexe Leistung ist:

$$\underline{U} \cdot \underline{I}^* = \boxed{\underline{S} = j\omega L \cdot I^2 = j\frac{U^2}{\omega L}} \tag{130}$$

mit: $P = R I^2 = 0$, $Q = X I^2 = \omega L I^2 = \frac{U^2}{\omega L} > 0$, $\cos\varphi = 0$.

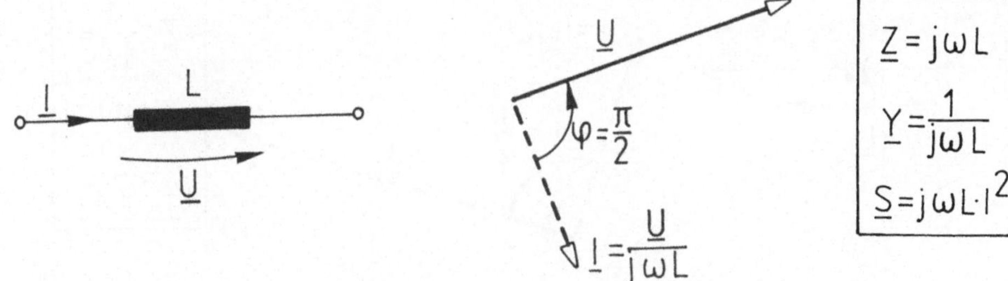

Abbildung 34: Strom und Spannung an einer Induktivität L (links) und Zeigerdiagramm für $\underline{U}$ und $\underline{I}$ (rechts)

c) Idealer Kondensator

Die Spannungsgleichung ist:

$$u = \frac{1}{C} \int i\, dt \;\; \rightleftharpoons \;\; \boxed{\underline{U} = \frac{\underline{I}}{j\omega C}} \;\; . \tag{131}$$

Daraus:

- komplexe Impedanz:

$$\frac{U}{I} = \boxed{\underline{Z} = \frac{1}{j\omega C}} \qquad (132)$$

mit: $Z = \frac{1}{\omega C}$, $\varphi = -\frac{\pi}{2}$, $R = 0$, $X = -\frac{1}{\omega C}$,

- komplexe Admittanz:

$$\frac{I}{U} = \boxed{\underline{Y} = j\omega C} \qquad (133)$$

mit: $Y = \omega C$, $G = 0$, $B = -\omega C < 0$.

Die Leistungen sind:

$$\underline{U} \cdot \underline{I}^* = \boxed{\underline{S} = \frac{I^2}{j\omega C} = -j\omega C \cdot U^2} \qquad (134)$$

mit: $P = R\,I^2 = 0$, $Q = X\,I^2 = -\frac{I^2}{\omega C} = -\omega C\,U^2 < 0$, $\cos\varphi = 0$.

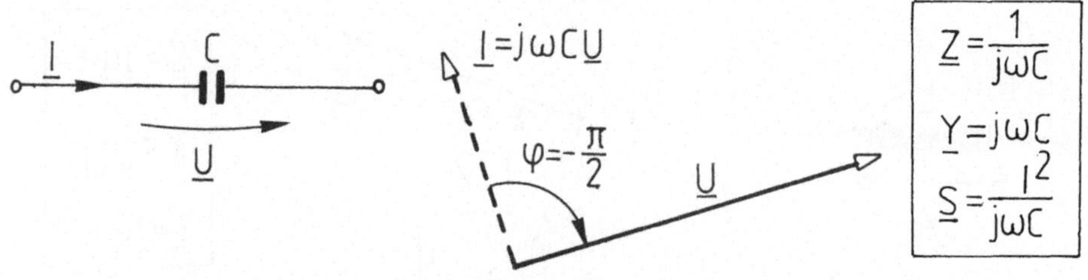

Abbildung 35: Strom und Spannung am Kondensator C (links) und Zeiger-diagramm von $\underline{U}$ und $\underline{I}$ (rechts)

4 Sinusstromnetzwerke

4.1 Allgemeines, Kirchhoffsche Gleichungen

Hier sollen Netzwerke behandelt werden, die mit rein *sinusförmigen* Spannungen oder Strömen gespeist werden und sich im *eingeschwungenen* Zustand befinden (Einschalt- und Ausschaltvorgänge werden nicht berücksichtigt).

Die Netzwerke bestehen aus *konzentrierten* Bauelementen, deren räumliche Ausdehnung keine Bedeutung hat. Eine lange Übertragungsleitung, deren Kapazität und Induktivität über die Länge verteilt ist, muß eine spezielle Behandlung erfahren.

Außerdem soll hier noch eine Einschränkung vereinbart werden: Zwischen den induktiven Elementen bestehen *keine magnetischen Kopplungen*. Somit weisen alle Spulen eine Selbstinduktivität L auf, mögliche Gegeninduktivitäten M zwischen den Spulen werden dagegen nicht berücksichtigt.

Unter diesen Bedingungen lassen sich Sinusstromnetzwerke mit den von den Gleichstromnetzen bekannten Methoden berechnen, wenn man statt mit den Gleichgrößen I und U und den reellen Größen R und G mit den komplexen Größen $\underline{I}$ und $\underline{U}$ und mit den komplexen Operatoren $\underline{Z}$ und $\underline{Y}$ arbeitet.

Die sogenannte komplexe Form des **Ohmschen Gesetzes** lautet, bei sinusförmigen Spannungen und Strömen gleicher Frequenz:

$$\boxed{\underline{U} = \underline{Z} \cdot \underline{I}} \tag{135}$$

wo $\underline{Z}$ ein zeitunabhängiger, komplexer Operator ist.

Auch die von der Gleichstromtechnik bekannten **Kirchhoffschen Gleichungen** sind für Sinusstromnetzwerke anwendbar. Sie liefern, genau wie bei Gleichstrom, ein Gleichungssystem mit so vielen Gleichungen, wie unbekannte Ströme auftreten.

Die **Knotengleichung** lautet in komplexer Darstellung:

$$\boxed{\sum_{\mu=1}^{n} \underline{I}_\mu = 0} \tag{136}$$

also: Die Summe der komplexen Darstellungen aller Ströme in einem Knoten ist gleich Null. Hier müssen die Ströme, wie bei Gleichstrom, mit ihren Vorzeichen eingesetzt werden, d.h.: die hineinfließenden Ströme als negativ, die herausfließenden als positiv, oder umgekehrt.

Man darf diese Beziehung *nicht* für die Beträge der komplexen Ströme schreiben:

$$\sum_{\mu=1}^{n} I_\mu \neq 0 \, ,$$

da der Betrag einer Summe nicht gleich der Summe der Beträge ist !

Die Knotengleichung darf nur in *k-1* Knoten angewendet werden, wenn *k* die Anzahl der Knoten ist.

Die **Maschengleichung** lautet in komplexer Darstellung:

$$\boxed{\sum_{\mu=1}^{n} \underline{U}_{\mu} = 0}$$. \hfill (137)

Die Summe der (vorzeichenbehafteten) komplexen Darstellungen der Teilspannungen in einem geschlossenen Umlauf ist gleich Null.

Auch hier darf man *nicht* die Beziehung (137) für die Beträge der Teilspannungen schreiben:

$$\sum_{\mu=0}^{n} U_{\mu} \neq 0.$$

Diesen Unterschied zu den Gleichstromkreisen muß man stets vor Augen behalten: Bei Wechselstrom darf man *nicht* Beträge von Strömen und Spannungen zusammenaddieren, denn es handelt sich um komplexe Größen, die gegeneinander phasenverschoben sind.

Die Maschengleichung darf *(z-k+1)mal* angewendet werden.

Zusammen mit den (k-1) Knotengleichungen ergeben sich dadurch *z* Gleichungen für **z** unbekannte Zweigströme in komplexer Darstellung.

Für jeden komplexen Strom muß man zwei Größen bestimmen: seine Amplitude und seinen Phasenwinkel, sodaß man bei Wechselstrom $2z$ unbekannte Größen hat. Diese $2z$ Unbekannten ergeben sich aus den z Gleichungen mit komplexen Größen, wenn man berücksichtigt, daß zwei komplexe Zahlen dann gleich sind, wenn sowohl ihre Realteile als **auch** ihre Imaginärteile gleich sind. Jede Gleichung mit komplexen Ausdrücken liefert zwei Gleichungen zwischen reellen Ausdrücken.

Eine Netzwerkanalyse mit den Kirchhoffschen Gleichungen benötigt so viele unabhängige Gleichungen, wie Zweige im Netzwerk enthalten sind. Dies kann zu einem erheblichen Rechenaufwand führen. Aus diesem Grund wurden andere Verfahren entwickelt, die zu kleineren Gleichungssystemen führen (Maschenanalyse, Knotenpotentialverfahren), oder den Rechenaufwand auf anderen Wegen reduzieren (Ersatzzweipole, Überlagerungssatz).

4.2   Reihen- und Parallelschaltung

4.2.1   Reihenschaltung, Spannungsteiler

Sind n passive Zweipole (ohne induktive Kopplung untereinander oder nach außen) mit den komplexen Impedanzen $\underline{Z}_1$, $\underline{Z}_2$, ... $\underline{Z}_n$ in Reihe geschaltet, so liefert die Kirchhoffsche Maschengleichung:

$$\underline{U}_g = \underline{U}_1 + \underline{U}_2 + \ldots + \underline{U}_n$$ \hfill (138)

wo $\underline{U}_1$, $\underline{U}_2$, $\ldots$ $\underline{U}_n$ die Teilspannungen an den n Zweipolen sind und $\underline{U}_g$ die Gesamtspannung ist. Man sucht die Gesamtimpedanz $\underline{Z}_g$ der Schaltung.

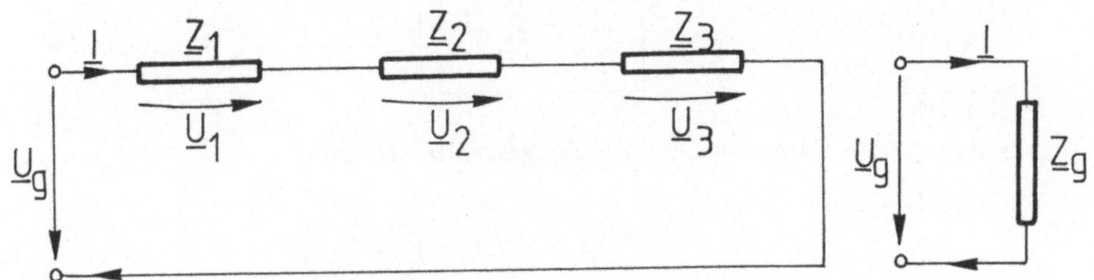

Abbildung 36: Reihenschaltung von drei Impedanzen und die Gesamtimpedanz $\underline{Z}_g$ der Schaltung

Weil die einzelnen Zweipole nicht miteinander gekoppelt und passiv sind, gilt für jeden von ihnen $\underline{U} = \underline{Z} \cdot \underline{I}$, also:

$$\underline{Z}_g \cdot \underline{I} = \underline{Z}_1 \cdot \underline{I} + \underline{Z}_2 \cdot \underline{I} + \ldots + \underline{Z}_n \cdot \underline{I} \quad . \tag{139}$$

Der Strom $\underline{I}$ ist entlang eines unverzweigten Stromkreises überall derselbe, so daß man durch $\underline{I}$ dividieren kann:

$$\boxed{\underline{Z}_g = \underline{Z}_1 + \underline{Z}_2 + \ldots + \underline{Z}_n = \sum_{\mu=1}^{n} \underline{Z}_\mu} \quad . \tag{140}$$

Durch Trennung der Real- und Imaginärteile ergibt sich weiter:

$$R_g = \sum_{\mu=1}^{n} R_\mu \quad ; \quad X_g = \sum_{\mu=1}^{n} X_\mu \quad . \tag{141}$$

Die gesamte komplexe Impedanz $\underline{Z}_g$ (komplexer Scheinwiderstand) einer Reihenschaltung aus passiven, induktiv nicht gekoppelten Zweipolen ist gleich der Summe der einzelnen komplexen Impedanzen, die Gesamtresistanz R_g ist gleich der Summe der Resistanzen (Wirkwiderstände) und die Gesamtreaktanz X_g gleich der Summe der einzelnen Reaktanzen (Blindwiderstände).

Bemerkungen:

- Im allgemeinen gilt:

$$|\underline{Z}_g| = Z_g \neq \sum_{\mu=1}^{n} Z_\mu$$

mit der Ausnahme, daß alle in Reihe geschalteten Zweipole phasengleich sind.

- Für die **Gesamtadmittanz** Y_g der Reihenschaltung ergibt sich nach (140):

$$\boxed{\frac{1}{\underline{Y}_g} = \sum_{\mu=1}^{n} \frac{1}{\underline{Y}_\mu}} \quad . \tag{142}$$

- Sind nur zwei Impedanzen in Reihe geschaltet, so gilt:

$$\underline{Z}_g = \underline{Z}_1 + \underline{Z}_2 \quad ; \quad \underline{Y}_g = \frac{\underline{Y}_1 \cdot \underline{Y}_2}{\underline{Y}_1 + \underline{Y}_2} \quad . \tag{143}$$

Spannungsteilerregel

In einer Reihenschaltung wird die Gesamtspannung $\underline{U}_g$ in die Teilspannungen $\underline{U}_\mu$ aufgeteilt. Für jede Spannung gilt:

$$\underline{U}_\mu = \underline{Z}_\mu \cdot \underline{I} \quad \text{und} \quad \underline{U}_g = \underline{Z}_g \cdot \underline{I}$$

Da der Strom derselbe ist, ergibt sich:

$$\boxed{\frac{\underline{U}_\mu}{\underline{U}_g} = \frac{\underline{Z}_\mu}{\underline{Z}_g}} = \frac{\underline{Z}_\mu}{\sum\limits_{\mu=1}^{n} \underline{Z}_\mu} \quad . \tag{144}$$

Die Formel (144) wird „Spannungsteilerregel" bei Wechselstrom genannt: Die komplexen Spannungen verhalten sich zueinander wie die Impedanzen, an denen sie abfallen.

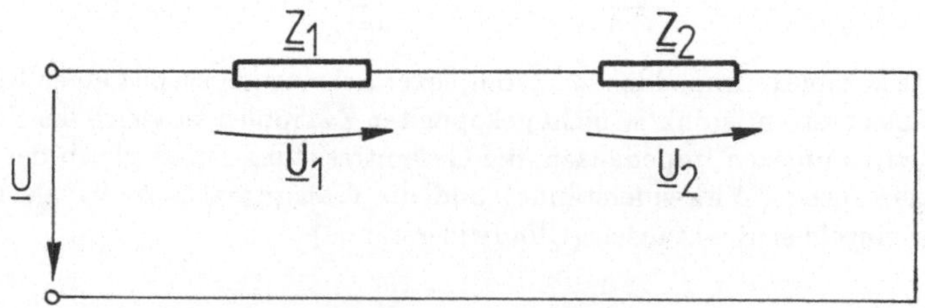

Abbildung 37: Spannungsteiler

Sind nur zwei Impedanzen in Reihe geschaltet (Abb.37), so gilt:

$$\underline{U}_1 = \frac{\underline{Z}_1}{\underline{Z}_1 + \underline{Z}_2}\underline{U} \quad ; \quad \underline{U}_2 = \frac{\underline{Z}_2}{\underline{Z}_1 + \underline{Z}_2}\underline{U} \quad .$$

Man sieht, daß wenn ein Zweipol induktiv, aber der zweite kapazitiv ist, $|\underline{Z}_1+\underline{Z}_2| <$ $|\underline{Z}_1|$ sein kann, sodaß man Teilspannungen erreicht, die größer als die Gesamtspannung sind.

Eine Aufteilung der Spannungen wie beim Gleichstrom ergibt sich nur, wenn $\varphi_1 = \varphi_2$ ist.

Beispiel 4.1:

Eine Meßmethode zur Bestimmung der Induktivität L und des Wirkwiderstandes R einer Spule besteht darin, die Effektivwerte des Stromes I durch die Spule und der Spannung U an der Spule bei zwei unterschiedlichen Frequenzen zu messen:

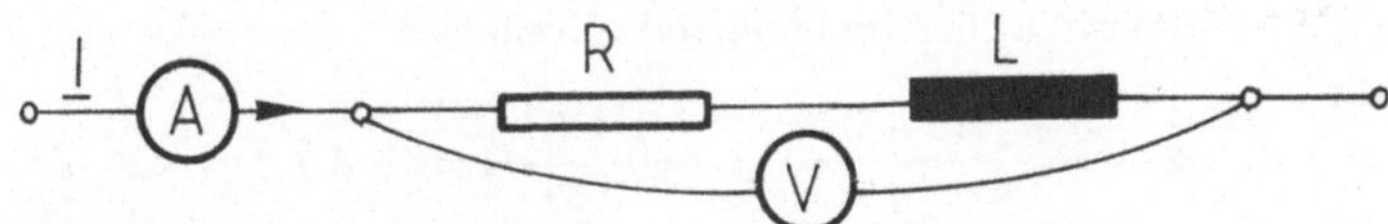

Die Messungen mit $f_1 = 50\,Hz$ und $f_2 = 100\,Hz$ ergeben:

$$
\begin{array}{lcllcl}
U_1 & = & 60\,V & , & I_1 & = & 10\,A \\
U_2 & = & 60\,V & , & I_2 & = & 6\,A
\end{array}
$$

Wie groß sind L und R ?

Lösung:

Mit der Frequenz ändert sich die Impedanz $\underline{Z} = R + j\omega L$. Man kann zweimal schreiben:

$$
\frac{U_1}{I_1} = \sqrt{R^2 + \omega_1^2 L^2} \quad ; \quad \frac{U_2}{I_2} = \sqrt{R^2 + \omega_2^2 L^2}
$$

mit $\omega_1 = 2\pi f_1$, $\omega_2 = 2\pi f_2$

$$
R^2 + (2\pi f_1)^2 L^2 = 36\,\Omega^2 \quad ; \quad R^2 + (2\pi f_2)^2 L^2 = 100\,\Omega^2 \quad .
$$

Durch Subtraktion ergibt sich:

$$
L^2 \cdot 4\pi^2(f_2^2 - f_1^2) = 64\,\Omega^2 \quad \Rightarrow \quad L = \boxed{14,7\,mH} \quad .
$$

Der Widerstand R ergibt sich aus einer der zwei Gleichungen:

$$
\boxed{R = 3,83\,\Omega} \quad .
$$

Beispiel 4.2:

Eine Reihenschaltung weist folgende komplexe Impedanz auf:

$$\underline{Z} = \left(\frac{5}{4 + 3j} + j2 \right) \Omega$$

bei einer angelegten Spannung $U = 100\,V$.

1. Geben Sie das entsprechende Ersatzschaltbild für die Frequenz $f = 100\,Hz$ an.

2. Berechnen Sie den komplexen Strom $\underline{I}$ durch die Schaltung.

3. Ermitteln Sie den komplexen Widerstand $\underline{Z}_1$, der in Reihe mit den vorherigen Elementen geschaltet, bewirkt, daß der Strom phasengleich mit der Eingangsspannung wird.

Lösung:

1. Der Realteil wird R, der Imaginärteil X sein.

$$\underline{Z} = \frac{5 + j2(4 + 3j)}{4 + 3j} \Omega = \frac{-1 + 8j}{4 + 3j} \Omega = (0,8 + 1,4j)\Omega \quad .$$

Das Ersatzschaltbild ist:

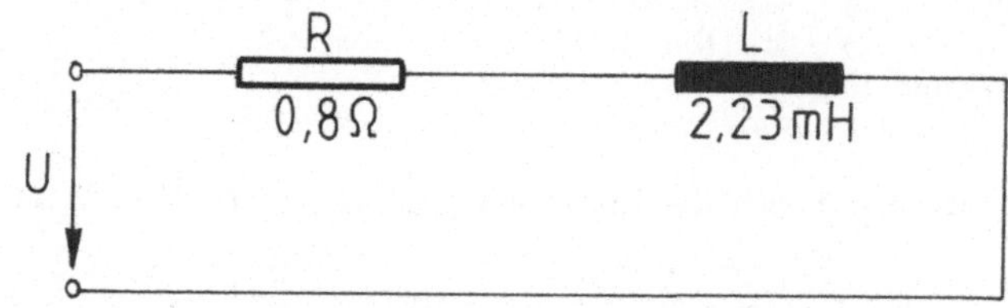

$$1,4\,\Omega = \omega L = 2\pi \cdot 100\,\tfrac{1}{s} \cdot L \;\Rightarrow\; L = \tfrac{1,4}{200\,\pi} H = \boxed{2,23\,mH} \quad ; \quad \boxed{R = 0,8\,\Omega}$$

2.

$$\underline{I} = \frac{U}{\underline{Z}} = \frac{100\,V}{1,61\,e^{j60°}} = \boxed{\underline{I} = 62\,A\,e^{-j60°}} \quad .$$

3. Um den Strom phasengleich mit der Spannung zu machen, muß eine kapazitive Impedanz $\underline{Z}_1$ in Reihe geschaltet werden:

$$\underline{Z}_1 = -1,4j\,\Omega = 1,4\,\Omega\,e^{-j90°}$$

$$\frac{1}{\omega C} = 1,4\,\Omega \;\Rightarrow\; C = \frac{1}{2\,\pi \cdot 100\,1/s \cdot 1,4\,\Omega} = \boxed{C = 1,136\,mF} \quad .$$

Fortsetzung Beispiel 4.2:

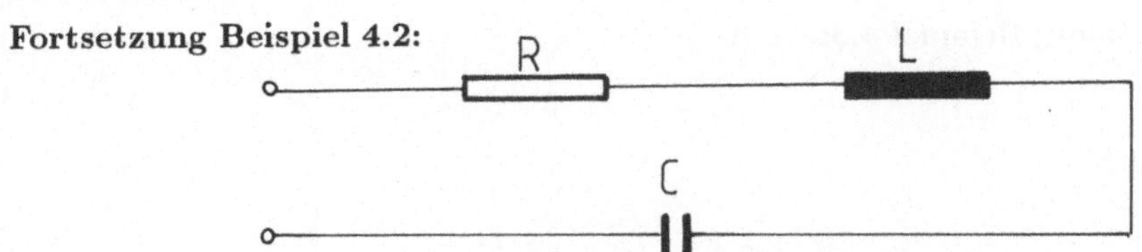

Bemerkung: $\underline{Z}_1$ kann auch einen beliebigen Widerstand R_1 enthalten:

$$\underline{Z}_1 = (R_1 - j1,4)\,\Omega \ .$$

Beispiel 4.3:

Die folgende Schaltung besteht aus zwei identischen Spulen (R, L) und einem Kondensator C, in Reihe geschaltet. In der Schaltung wurden gemessen:

$$I = 8\,A \quad , \quad U = 110\,V \quad , \quad P = 530\,W \quad .$$

Die Reaktanz des Kondensators ist gleich der Reaktanz einer Spule (in Betrag).

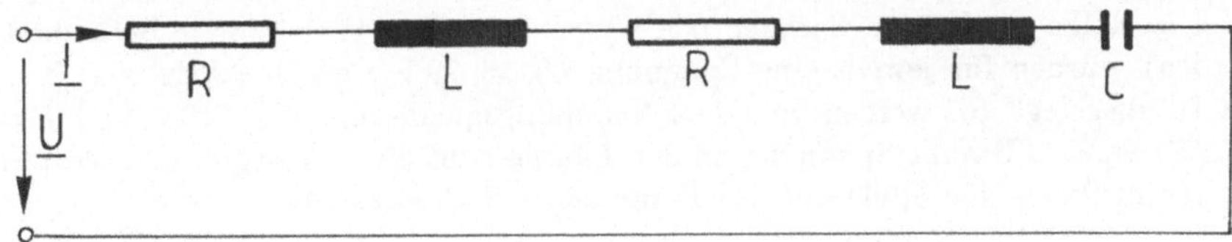

Berechnen Sie:

1. Die komplexe Impedanz $\underline{Z}_L$ einer Spule
2. Die Impedanz $\underline{Z}_C$ des Kondensators
3. Die komplexe Scheinleistung $\underline{S}$.

Lösung:

1. Es gilt: $Z = \dfrac{U}{I} = \dfrac{110\,V}{8\,A} = 13,75\,\Omega$ und $\underline{Z} = 2R + 2j\omega L - j\dfrac{1}{\omega C}$

$$\underline{Z} = 2R + j\omega L \quad .$$

Den Widerstand R kann man über die Wirkleistung P bestimmen:

$$P = 2R\,I^2 \ \rightarrow \ R = \frac{P}{2\,I^2} = 4,14\,\Omega$$

$$Z = \sqrt{4R^2 + \omega^2 L^2} \ \Rightarrow \ \omega L = \sqrt{Z^2 - 4R^2} = 11\,\Omega$$

$$\underline{Z}_L = R + j\omega L = \boxed{(4,14 + j11)\,\Omega = 13,77\,\Omega\, e^{j53°}} \quad .$$

Fortsetzung Beispiel 4.3:

2.

$$\underline{Z}_C = -j\frac{1}{\omega C} = \boxed{-j\,11\,\Omega = 11\,\Omega\,e^{-j\,90^\circ}}\quad.$$

3.

$$\underline{S} = \underline{U}\cdot\underline{I}^*$$

$$\underline{I} = \frac{\underline{U}}{\underline{Z}} = \frac{110\,V\,e^{j\,0^\circ}}{13,77\,\Omega\,e^{j\,53^\circ}} = 8\,A\,e^{-j\,53^\circ}\quad;\quad \underline{I}^* = 8\,A\,e^{j\,53^\circ}$$

$$\underline{S} = 110\,V\,e^{j\,0^\circ}\cdot 8\,A\,e^{j\,53^\circ} = \boxed{880\,VA\,e^{j\,53^\circ}} = (530 + 720j)VA\quad.$$

Überprüfung: $P = 530\,W$; $Q = X_L\cdot I^2 = 11\,\Omega\cdot 64\,A^2 = 704\,var$.

Beispiel 4.4:

Zwei in Reihe geschaltete Lampen (sie können als reine Widerstände betrachtet werden) wurden für jeweils eine Spannung $U_L = 29\,V$ und eine Leistung $P = 290\,W$ ausgelegt. Sie werden von einer Spannungsquelle mit $U = 110\,V$ und $f = 50\,Hz$ gespeist. Um die Spannung an den Lampen auf $29\,V$ zu begrenzen, wird in Reihe mit ihnen eine Spule mit den Parametern R, L geschaltet.

1. Wie groß sind R und L, wenn der Leistungsfaktor $\cos\varphi$ der gesamten Schaltung nicht kleiner als $0,8$ sein darf ?

2. Berechnen Sie in diesem Fall den Wirkungsgrad der Anordnung.

3. Wie verändert sich der Wirkungsgrad, wenn statt der Zusatzspule ein reiner Widerstand R' geschaltet wird ?

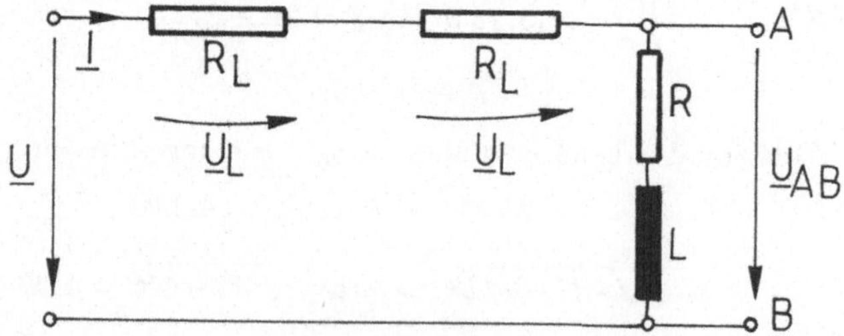

Hinweis: Benutzen Sie das Zeigerdiagramm der Spannungen.

Fortsetzung Beispiel 4.4:

Lösung:

1. Aus den Daten der zwei Lampen ergibt sich:

$$P = U \cdot I \;\Rightarrow\; I = \frac{P}{U} = \frac{290\,W}{29\,V} = 10\,A$$

$$\text{und:}\;\; U = R_L \cdot I \;\Rightarrow\; R_L = \frac{U}{I} = 2,9\,\Omega \quad.$$

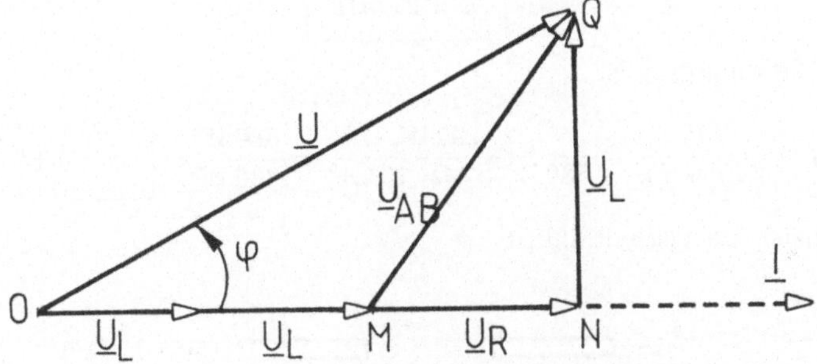

Für R und L braucht man zwei Gleichungen, die sich aus dem Zeigerdiagramm ergeben. Die komplexe Impedanz $\underline{Z}$ der Schaltung (Dreieck ONQ) ist:

$$\underline{Z} = 2R_L + R + j\omega L \quad;\quad Z = \frac{U}{I} = \frac{110\,V}{10\,A} = 11\,\Omega$$

$$\sqrt{(2R_L + R)^2 + \omega^2 L^2} = 11\,\Omega \quad.$$

Die erste Beziehung in R, L ist:

$$(5,8 + R)^2 + 100^2 \pi^2 L^2 = 121 \quad.$$

Da diese Gleichung in R und L quadratisch ist, sucht man in dem Zeigerdiagramm nach einfacheren Beziehungen zur Bestimmung der Unbekannten R, L. In der Tat, ergibt das Bild oben:

$$U \cdot \cos\varphi = 2U_L + U_R \;\Longrightarrow\; U_R = 110V \cdot 0,8 - 2 \cdot 29V = 30V$$

und gleich:

$$R = \frac{U_R}{I} = \frac{30V}{10A} = \boxed{3\Omega} \;.$$

Fortsetzung Beispiel 4.4:

Ebenfalls aus dem Zeigerdiagramm liest man ab:

$$U \cdot \sin \varphi = U_L = \omega L I$$

$$110V \cdot 0,6 = 66V = \omega L I$$

$$L = \frac{66V}{2\pi \cdot 100s^{-1} \cdot 10A}$$

$$\boxed{L = 21\,mH} \quad .$$

2. Der Wirkungsgrad ist:

$$\eta = \frac{2\,P_L}{2\,P_L + P_R} = \frac{2 \cdot 290\,W}{580\,W + 3\,\Omega \cdot 10^2\,A^2} = \frac{580\,W}{880\,W} = \boxed{\eta = 0,66} \quad .$$

3. Das neue Ersatzschaltbild ist:

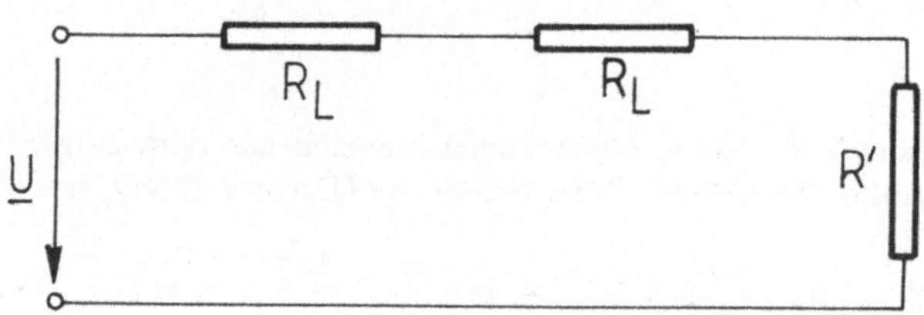

$$U = (2\,R_L + R')I \;\Rightarrow\; R' = \frac{U}{I} - 2\,R_L = 11\,\Omega - 5,8\,\Omega = 5,2\,\Omega \quad .$$

Die Gesamtleistung wird:

$$P_g = 2\,P_L + P_{R'} = 580\,W + 520\,W = 1100\,W$$

und der Wirkungsgrad:

$$\eta' = \frac{580\,W}{1100\,W} = \boxed{\eta' = 0,527} \; .$$

Die Lösung mit der Spule ist der Lösung mit dem Widerstand zu bevorzugen.
Allerdings wäre bei dieser Lösung $\cos\varphi = 1$.

4.2.2 Parallelschaltung, Stromteiler

Sind n passive Zweipole (ohne induktive Kopplung) mit den komplexen Admittanzen $\underline{Y}_1 = \dfrac{1}{\underline{Z}_1}$, $\underline{Y}_2 = \dfrac{1}{\underline{Z}_2}$, $\dots$, $\underline{Y}_n = \dfrac{1}{\underline{Z}_n}$ jetzt parallel geschaltet, so ergibt die 1. Kirchhoffsche Gleichung (der Knotensatz) die folgende Gleichung für die Ströme:

$$\underline{I}_g = \underline{I}_1 + \underline{I}_2 + \dots + \underline{I}_n \tag{145}$$

wo $\underline{I}_g$ der Gesamtstrom ist. Man sucht die gesamte Admittanz $\underline{Y}_g$ der Schaltung.

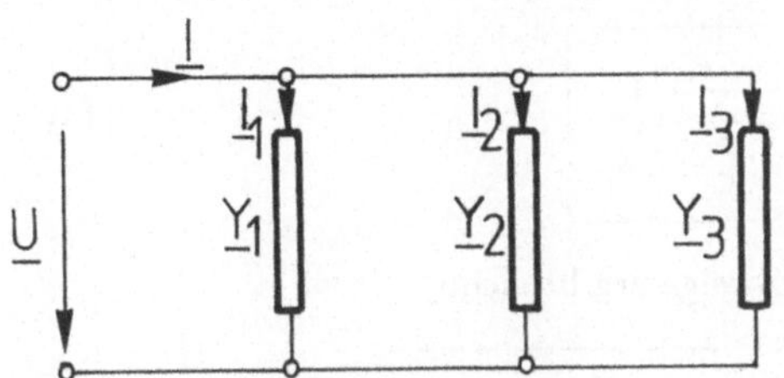
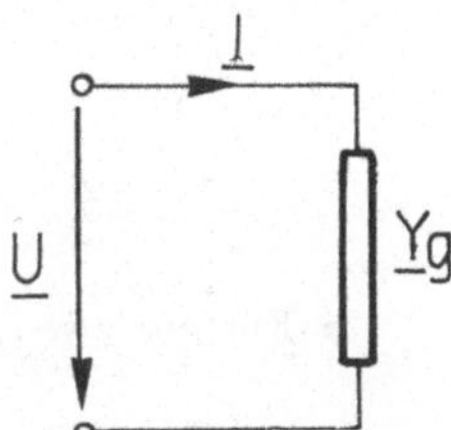

Abbildung 38: Parallelschaltung von drei Admittanzen und die Gesamtadmittanz $\underline{Y}_g$ der Schaltung

Sind die Zweipole passiv und besteht zwischen ihnen keine induktive Kopplung, so gilt für jeden einzelnen $\underline{I} = \underline{Y} \cdot \underline{U}$ und somit:

$$\underline{U} \cdot \underline{Y}_g = \underline{U} \cdot \underline{Y}_1 + \underline{U} \cdot \underline{Y}_2 + \underline{U} \cdot \underline{Y}_3 + \dots \tag{146}$$

da die Spannung $\underline{U}$ an allen Zweipolen dieselbe ist. Man kann durch $\underline{U}$ dividieren:

$$\boxed{\underline{Y}_g = \underline{Y}_1 + \underline{Y}_2 + \dots + \underline{Y}_n = \sum_{\mu=1}^{n} \underline{Y}_\mu} \quad . \tag{147}$$

Durch Trennung der Real- und Imaginärteile ergeben sich zwei weitere Beziehungen:

$$G_g = \sum_{\mu=1}^{n} G_\mu \quad ; \quad B_g = \sum_{\mu=1}^{n} B_\mu \quad . \tag{148}$$

Bei parallel geschalteten passiven Zweipolen ohne induktive Kopplungen untereinander oder nach außen ergibt sich die gesamte komplexe Admittanz $\underline{Y}_g$ (komplexer Scheinleitwert) als Summe der komplexen Admittanzen der einzelnen Zweipole, die Gesamtkonduktanz G_g als Summe der Konduktanzen (Wirkleitwerte) und die Gesamtsuszeptanz B_g als Summe der einzelnen Suszeptanzen (Blindleitwerte) der Zweipole.

Bemerkungen:

- Allgemein gilt: $|\underline{Y}_g| = Y_g \neq \sum_{\mu=1}^{n} Y_\mu$

  d.h.: Der Betrag der Gesamtadmittanz ist *nicht* gleich der Summe der Beträge der einzelnen Admittanzen (mit der Ausnahme, daß alle parallel geschalteten Zweipole phasengleich sind).

- Für die gesamte Impedanz parallel geschalteter Zweipole ergibt sich aus (147) und mit $\underline{Z} = \frac{1}{\underline{Y}}$:

$$\frac{1}{\underline{Z}_g} = \sum_{\mu=1}^{n} \frac{1}{\underline{Z}_\mu} \qquad (149)$$

- Für nur zwei parallel geschaltete Zweige ergibt sich:

$$\underline{Y}_g = \underline{Y}_1 + \underline{Y}_2 \quad ; \quad \underline{Z}_g = \frac{\underline{Z}_1 \cdot \underline{Z}_2}{\underline{Z}_1 + \underline{Z}_2} \qquad (150)$$

Die letzte Formel wird sehr oft angewendet.

Stromteilerregel

Bei einer Parallelschaltung zweigt sich der Gesamtstrom $\underline{I}$ in die Teilströme $\underline{I}_\mu$ (siehe Abb.38) auf. Es soll bestimmt werden, wieviel von dem Gesamtstrom durch jede Teiladmittanz fließt.
Für jeden Strom gilt:

$$\underline{I}_\mu = \underline{Y}_\mu \cdot \underline{U} \quad \text{und} \quad \underline{I} = \underline{Y}_g \cdot \underline{U}$$

und da die Spannung dieselbe ist ergibt sich:

$$\frac{\underline{I}_\mu}{\underline{I}} = \frac{\underline{Y}_\mu}{\underline{Y}_g} = \frac{\underline{Y}_\mu}{\sum_{\mu=1}^{n} \underline{Y}_\mu} \qquad (151)$$

Die „Stromteilerregel bei Wechselstrom" besagt, daß die komplexen Ströme sich so zueinander verhalten, wie die Admittanzen, die von ihnen durchflossen werden. Wie bei Gleichstrom ist auch hier der Fall besonders interessant, wenn nur zwei Impedanzen $\underline{Z}_1$ und $\underline{Z}_2$ parallel geschaltet sind (Abb.39).

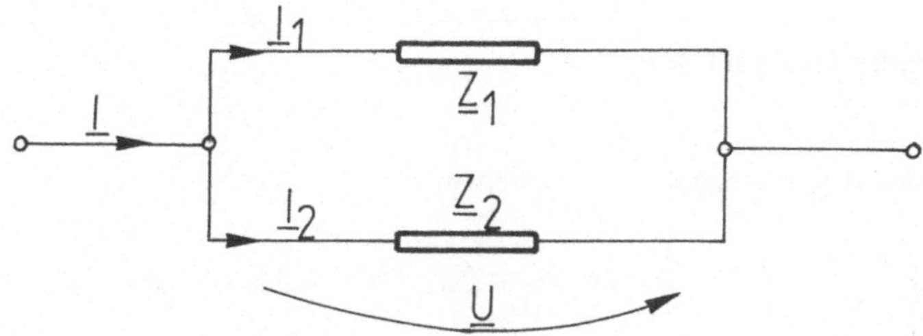

Abbildung 39: Stromteiler

In diesem Falle ergeben sich für die zwei Teilströme die folgenden oft angewendeten Formeln:

$$\underline{I}_1 = \frac{\underline{Y}_1}{\underline{Y}_1 + \underline{Y}_2}\underline{I} = \frac{\underline{Z}_2}{\underline{Z}_1 + \underline{Z}_2}\underline{I}$$

$$\underline{I}_2 = \frac{\underline{Y}_2}{\underline{Y}_1 + \underline{Y}_2}\underline{I} = \frac{\underline{Z}_1}{\underline{Z}_1 + \underline{Z}_2}\underline{I} \quad .$$

Jeder Teilstrom ist also der Impedanz des gegenüberliegenden Zweiges (nicht der eigenen Impedanz) proportional.

Eine Aufteilung der Ströme wie bei Gleichstrom ergibt sich nur wenn $\varphi_1 = \varphi_2$ ist.

Beispiel 4.5:

Eine Reihenschaltung aus einem Widerstand R_r und einer (idealen) Induktivität L_r wird von einer Wechselspannung mit dem Effektivwert U und der Frequenz f gespeist (Bild links).

Es gilt: $R_r = 10\,\Omega$, $L_r = 100\,mH$, $f = 50\,Hz$.

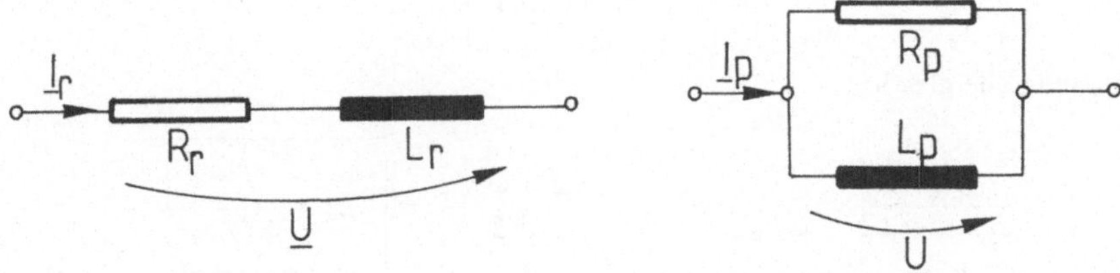

Eine Parallelschaltung aus einem Widerstand R_p und einer Induktivität L_p (Bild rechts) soll bei derselben Spannung $\underline{U}$ denselben Strom $\underline{I}$ (Größe und Phasenverschiebung) wie die Reihenschaltung R_r, L_r verbrauchen.

Berechnen Sie R_p und L_p.

Fortsetzung Beispiel 4.5:

Lösung:

Die Gleichheit der Ströme: $\underline{I}_r = \underline{I}_p$ bedeutet:

$$\frac{U}{\underline{Z}_r} = \frac{U}{\underline{Z}_p} \;\Rightarrow\; \underline{Z}_r = \underline{Z}_p \quad (oder: \; \underline{Y}_r = \underline{Y}_p).$$

$$R_r + j\omega L_r = \frac{R_p \cdot j\omega L_p}{R_p + j\omega L_p} = \frac{R_p \cdot j\omega L_p(R_p - j\omega L_p)}{R_p^2 + \omega^2 L_p^2} \quad .$$

Es scheint günstiger mit den Admittanzen zu arbeiten, weil dann die Unbekannten R_p und L_p getrennt erscheinen:

$$\frac{1}{R_r + j\omega L_r} = \frac{1}{R_p} + \frac{1}{j\omega L_p}$$

$$\frac{R_r - j\omega L_r}{R_r^2 + \omega^2 L_r^2} = \frac{1}{R_p} - j\frac{1}{\omega L_p} \quad .$$

Realteile gleich:

$$\frac{1}{R_p} = \frac{R_r}{R_r^2 + \omega^2 L_r^2} \;\Rightarrow\; \boxed{R_p = \frac{R_r^2 + \omega^2 L_r^2}{R_r}} \quad .$$

Mit Zahlen:

$$R_p = \frac{(10\,\Omega)^2 + (2\pi \cdot 50 \cdot 0,1)^2\Omega^2}{10\,\Omega} = 10\,\Omega + 10\pi^2\,\Omega$$

$$\boxed{R_p = 108,7\,\Omega} \quad .$$

Imaginärteile gleich:

$$\frac{\omega L_r}{R_r^2 + \omega^2 L_r^2} = \frac{1}{\omega L_p} \;\Rightarrow\; L_p = \frac{R_r^2 + \omega^2 L_r^2}{\omega^2 L_r} = \boxed{L_r + \frac{R_r^2}{\omega^2 L_r}} \quad .$$

Mit Zahlen:

$$L_p = 0,1\,H + \frac{100\,\Omega}{(2\pi\,50)^2 \frac{1}{s^2} \cdot 0,1\,H} = 0,1\,H + \frac{1}{10\pi^2}H = \boxed{0,11\,H} \quad .$$

Beispiel 4.6:

Ein Verbraucher, der aus der Reihenschaltung eines Widerstandes mit einem Kondensator besteht, weist einen $\cos\varphi = 0,85$ auf.
Wie groß wird $\cos\varphi'$, wenn R und C parallel geschaltet werden ?

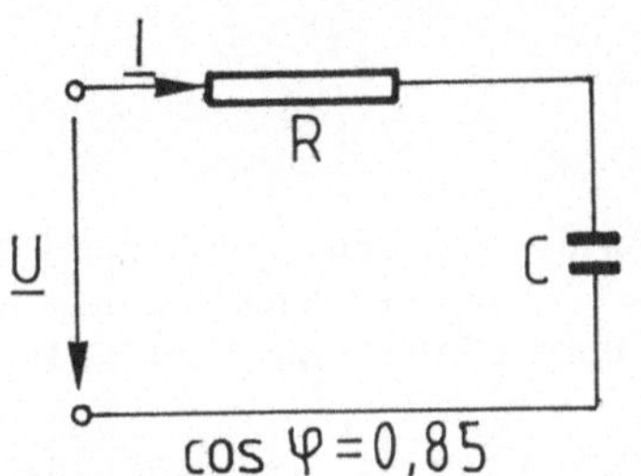

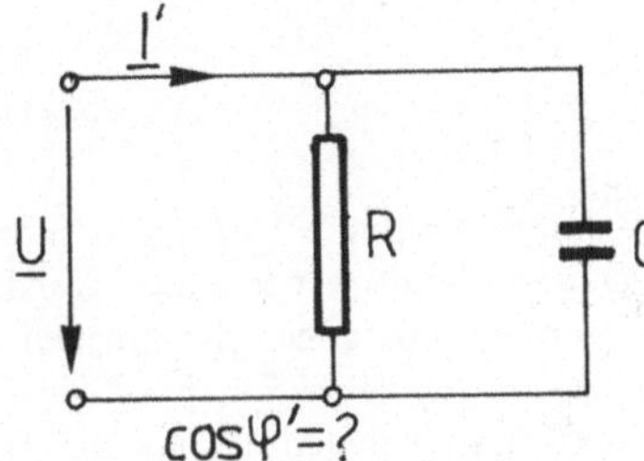

Lösung:

Den Winkel φ kann man aus der Impedanz $\underline{Z}$ ermitteln:

$$\varphi = \arctan\frac{X}{R} \quad ; \quad \underline{Z} = R - \frac{j}{\omega C} \quad ; \quad \tan\varphi = -\frac{1}{\omega CR} \quad \Rightarrow \quad \omega CR = 1,613 \quad .$$

Im 2. Fall wird:

$$\underline{Z}' = \frac{R\dfrac{1}{j\omega C}}{R + \dfrac{1}{j\omega C}} = \frac{R}{j\omega RC + 1} = \frac{R(1 - j\omega RC)}{1 + \omega^2 R^2 C^2} \quad ; \quad \tan\varphi' = -\omega CR$$

$$\tan\varphi' = -1,613 \quad \Rightarrow \quad \boxed{\cos\varphi' = 0,527} \quad .$$

4.2.3 Kombinierte Schaltungen

Da für Sinusstromnetzwerke mit konzentrierten Bauelementen, ohne magnetische Kopplung, die Kirchhoffschen Gleichungen in ähnlicher Form wie für Gleichstromnetzwerke gelten (siehe Abschnitt 4.1), sind auch für die Berechnung von Strömen und Spannungen sowie von Gesamtwiderständen und -leitwerten die gleichen Regeln anzuwenden, wie bei Gleichstrom.
Um alle aus der Gleichstromtechnik bekannten Berechnungsverfahren übernehmen zu können, müssen lediglich die im folgenden aufgeführten Gleichstromgrößen durch die entsprechenden komplexen Größen ersetzt werden:

Gleichstrom		Sinusstrom	
Gleichspannung	U	komplexe Spannung	$\underline{U}$
Gleichstrom	I	komplexer Strom	$\underline{I}$
Gleichstromwiderstand	R	komplexe Impedanz	$\underline{Z}$
Gleichstromleitwert	G	komplexe Admittanz	$\underline{Y}$

Diese formale Analogie kann, wie man leicht sieht, *nicht* ohne weiteres auf die *Leistung* ausgedehnt werden: Der Ausdruck $P = U \cdot I$ für die Gleichstromleistung führt bei einem Austausch der Größen nach der obigen Tabelle nicht auf die komplexe Leistung $\underline{S}$, die ja $\underline{S} = \underline{U} \cdot \underline{I}^*$ ist.

Beschränkt man sich jedoch auf die Berechnung von Strömen und Spannungen, so kann man alle von der Gleichstromtechnik bekannten Rechenverfahren auf die Sinusstromnetzwerke übertragen.

Wie von den Gleichstromnetzwerken bekannt, behalten auch für Sinusstromnetzwerken die für Reihen- und Parallelschaltungen hergeleiteten Regeln ihre Gültigkeit, wenn die beteiligten Zweipole ihrerseits wieder aus Reihen- bzw. Parallelschaltungen bestehen.

Die folgenden Beispiele zeigen, wie man kombinierte Wechselstromschaltungen rechnerisch behandelt.

Beispiel 4.7:

Dimensionierung eines Leuchtkörpers für die Bahnfrequenz $16\frac{2}{3}Hz$.

Eine einzelne Glühlampe gibt ein stark flimmerndes Licht, wenn sie an das Netz der Bundesbahn ($220V$, $16\frac{2}{3}Hz$) angeschlossen wird. Der Grund dafür ist, daß die von der Lampe aufgenommene Wirkleistung p (siehe Bild nächste Seite), die mit doppelter Frequenz pulsiert, 33 mal pro Sekunde durch Null geht.

Die Wärmekapazität des Glühfadens ist relativ gering, so daß die Helligkeit der Lampe der von ihr aufgenommenen Wirkleistung p sehr angenähert folgt. Das Auge nimmt die Änderungen der Helligkeit wahr, das Licht flimmert. Aus diesem Grund wurde die industrielle Frequenz $50\,Hz$ festgelegt, da 100 Änderungen pro Sekunde vom Auge nicht mehr wahrgenommen werden. Eine Lösung gegen diesen unangenehmen Effekt besteht darin, zwei gleiche Glühlampen in einem Leuchtkörper dicht nebeneinander unterzubringen und diese so zu schalten, daß in jedem Augenblick die Helligkeit des Körpers praktisch dieselbe ist, d.h.: die gesamte aufgenommene Wirkleistung bleibt konstant.

Fortsetzung Beispiel 4.7:

Zur optimalen Auslegung der Leuchteinheit stellen sich die Fragen:

a) Wie müssen die beiden Lampen prinzipiell geschaltet werden?

b) Wenn die gesamte Wirkleistung der Lichteinheit $100W$ betragen soll und die Betriebsspannung der Lampen frei wählbar ist, wie groß soll diese Spannung sein und und welche Schaltelemente werden benötigt?

Lösung

a) Damit die gesamte aufgenommene Wirkleisung p zeitlich konstant bleibt, müssen die von den beiden gleichen Lampen aufgenommenen Leistungen p_1 und p_2 phasenverschoben sein (s. Bild):

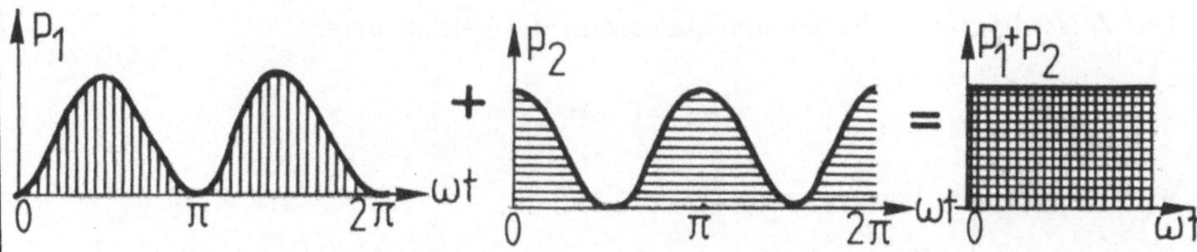

Um eine konstante Gesamtwirkleistung zu erzeugen, müssen die Spannungen an den beiden Lampen gleichgroß und um $90°$ gegeneinander verschoben sein. In der Tat sind dann die beiden Leistungen, da die Lampen als Widerstände betrachtet werden können, gleich:

$$p_1 = u_1 \cdot i_1 = U\sqrt{2}\sin\omega t \cdot I\sqrt{2}\sin\omega t = 2UI\sin^2\omega t$$

$$p_2 = u_2 \cdot i_2 = U\sqrt{2}\cos\omega t \cdot I\sqrt{2}\cos\omega t = 2UI\cos^2\omega t$$

und folglich:

$$p = p_1 + p_2 = 2UI = const.$$

b) Die beiden Lampenspannungen $\underline{U}_1$ und $\underline{U}_2$ sollen sinnvollerweise symmetrisch gegenüber der Versorgungsspannung verlaufen, also eine um $45°$ voreilend, die andere um $45°$ nacheilend. Diese Forderung wird mit der auf der nächsten Seite dargestellten Schaltung realisiert.

Fortsetzung Beispiel 4.7:

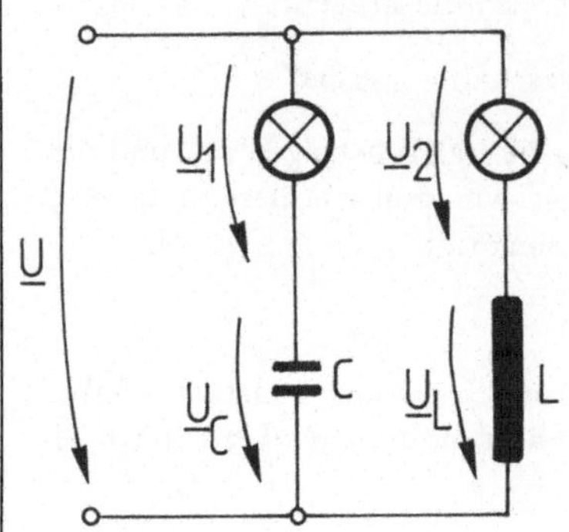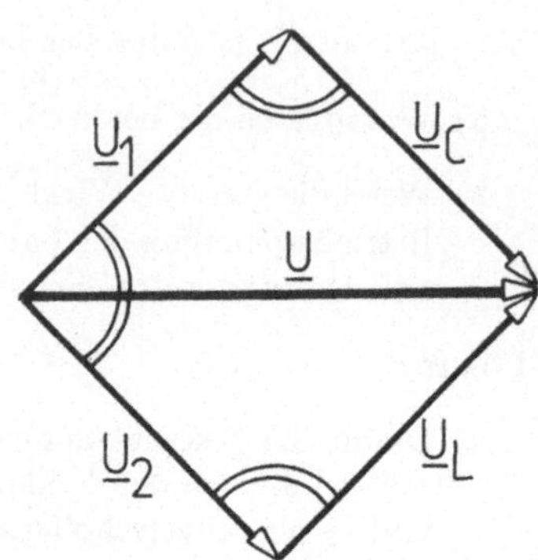

Das Zeigerdiagramm der Spannungen ergibt die Verhältinisse:

$$U_1 = U_2 = U_C = U_L = \frac{U}{\sqrt{2}}$$

wo $U = 220V$ die Versorgungsspannung ist.

Es stellt sich die Frage, ob diese Betriebsspannung für die Lampen die optimale
ist. Denkbar wäre auch eine kleinere Spannung (siehe Bild), doch dann müßte in
Reihe mit den Lampen noch jeweils ein Widerstand geschaltet werden (U_C, bzw.
U_L müssen gleich $\dfrac{U}{\sqrt{2}}$ sein).

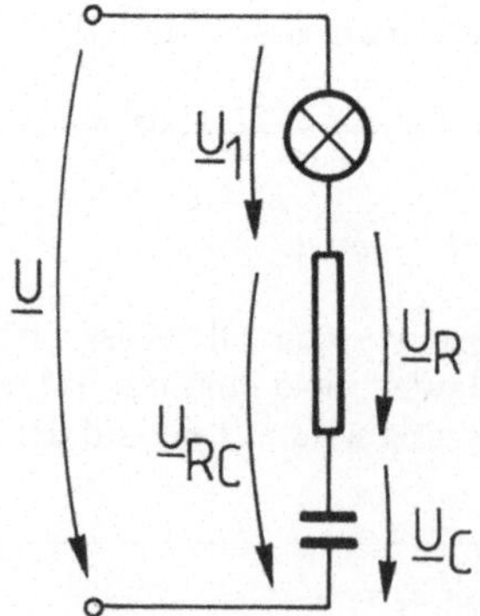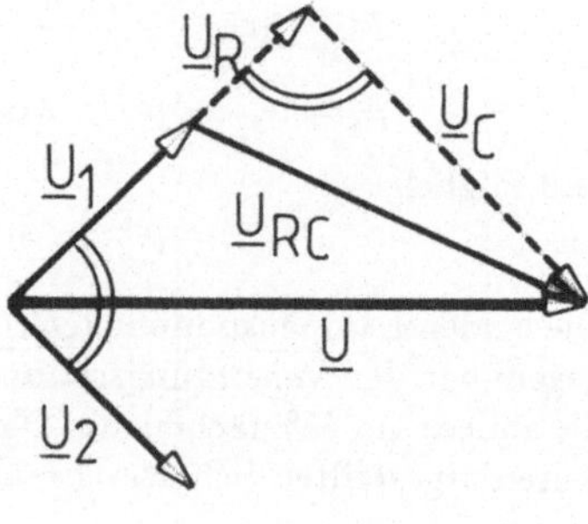

Fortsetzung Beispiel 4.7:

Diese zusätzlichen Widerstände würden ständig Leistung in Wärme umsetzen, ohne zur Beleuchtung beizutragen. Die Betriebsspannung der Lampen soll also im optimalen Fall:

$$U_1 = U_2 = \frac{U}{\sqrt{2}} = \frac{220V}{\sqrt{2}} = \boxed{155V}$$

sein. Da die Lampen jeweils $P = 50W$ aufnehmen sollen, ist ihr Widerstand:

$$R_L = \frac{U_1^2}{P} = \boxed{480\Omega}$$

und die benötigten Schaltelemente X_C und X_L müssen gleich groß sein. Daraus ergibt sich für die Kapazität C:

$$|X_C| = \frac{1}{\omega C} = 480\Omega \quad \Rightarrow \quad C = \frac{1 \cdot s}{480\Omega \cdot 2\pi \cdot 16\frac{2}{3}} = \boxed{19,9\mu F}$$

und für die Induktivität L:

$$X_L = \omega L = 480\Omega \quad \Rightarrow \quad L = \frac{480\Omega \cdot s}{2\pi \cdot 16\frac{2}{3}} = \boxed{4,35H} \, .$$

Beispiel 4.8:

In der folgenden gemischten Schaltung sind bekannt:

$$R = 3\,\Omega \ , \quad \omega L = 2\,\Omega \ , \quad \frac{1}{\omega C} = 6\,\Omega \ , \quad U = 120\,V \quad .$$

Es sollen berechnet werden:

1. Die komplexe Gesamtimpedanz der Schaltung an den Klemmen $A - B$.

2. Der komplexe Strom $\underline{I}$, wenn der Nullphasenwinkel der angelegten Spannung $\varphi_u = 0^o$ ist und die Zeitfunktion $i(t)$.

3. Die zwei Ströme $\underline{I}_1$ und $\underline{I}_2$ in den parallel geschalteten Zweipolen. (Überprüfung mit der Knotengleichung).

4. Wie verändert sich die komplexe Gesamtimpedanz, wenn die Frequenz der angelegten Spannung verdoppelt wird ?

Fortsetzung Beispiel 4.8:

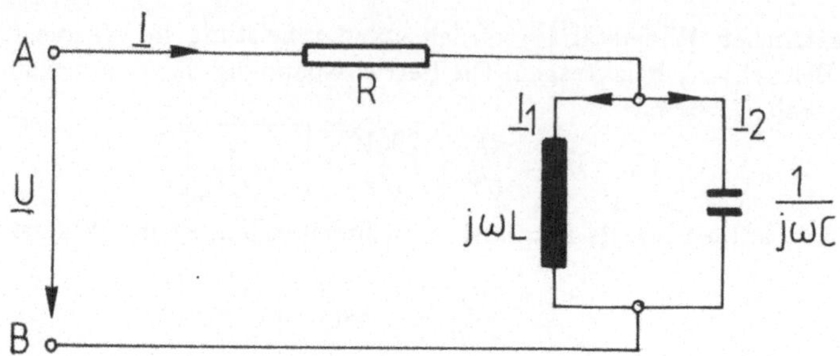

Lösung:

1. Die komplexen Impedanzen der Parallelschaltung sind:
$$\underline{Z}_1 = j\omega L = 2j\,\Omega \; ; \; \underline{Z}_2 = \frac{1}{j\omega C} = -6j\,\Omega \; ; \; \underline{Z}_p = \frac{\underline{Z}_1 \cdot \underline{Z}_2}{\underline{Z}_1 + \underline{Z}_2}$$

$$\underline{Z}_p = \frac{-2j \cdot 6j}{2j - 6j}\,\Omega = \frac{12}{-4j}\,\Omega = 3j\,\Omega \quad .$$

Die Gesamtimpedanz resultiert als:
$$\underline{Z}_{AB} = R + \underline{Z}_p = 3\,\Omega + 3j\,\Omega = 3\sqrt{2}\,e^{j\,45°}\,\Omega$$

$$\boxed{Z_{AB} = 3\sqrt{2}\,\Omega} \quad ; \quad \boxed{\varphi = 45° > 0} \quad .$$

Die Schaltung verhält sich induktiv.

2. Der Strom ist:
$$\underline{I} = \frac{\underline{U}}{\underline{Z}_{AB}} = \frac{120\,V\,e^{j\,0°}}{3\sqrt{2}\,\Omega\,e^{j\,45°}} = \boxed{20\sqrt{2}\,A\,e^{-j\,45°}}$$

$$i(t) = 20\sqrt{2} \cdot \sqrt{2}\,A\,\sin(\omega t - 45°) = \boxed{40\,A\,\sin(\omega t - 45°)} \quad .$$

3. Mit der Stromteilerregel:
$$\underline{I}_1 = \underline{I}\,\frac{\frac{1}{j\omega C}}{j\omega L + \frac{1}{j\omega C}} = \underline{I}\,\frac{-j6}{2j - 6j} = \underline{I}\,\frac{3}{2} = \boxed{60\frac{1}{\sqrt{2}}\,e^{-j\,45°}\,A}$$

$$\underline{I}_2 = \underline{I}\,\frac{j\omega L}{j\omega L + \frac{1}{j\omega C}} = \underline{I}\,\frac{2j}{-4j} = -\underline{I}\,\frac{1}{2} = \boxed{-10\sqrt{2}\,e^{-j\,45°}\,A}$$

$$i_1(t) = 60\,A\,\sin(\omega t - 45°) \quad ; \quad i_2(t) = 20\,A\,\sin(\omega t + 135°) \quad .$$

Die Summe ergibt: $\underline{I}_1 + \underline{I}_2 = \underline{I}$.

Fortsetzung Beispiel 4.8:

4. Bei $\omega' = 2\omega$ wird:
$$\underline{Z}_1 = 4j\,\Omega \;;\; \underline{Z}_2 = -3j\,\Omega \;;\; \underline{Z}_p = \frac{-4j \cdot 3j}{4j - 3j}\,\Omega = -12j\,\Omega$$

$$\underline{Z}'_{AB} = 3\,\Omega - 12j\,\Omega = 12,37\,\Omega\,e^{j\,76°}$$

$$\boxed{Z'_{AB} = 12,37\,\Omega} \;;\; \boxed{\varphi' = -76° < 0} \quad .$$

Die Schaltung verhält sich bei 2ω kapazitiv.

Beispiel 4.9:

Die folgende Schaltung ist gespeist mit der Spannung:

$$u = \sqrt{2} \cdot 100\,V\,\sin(\omega t + 225°) \quad , \quad f = 50\,Hz \quad .$$

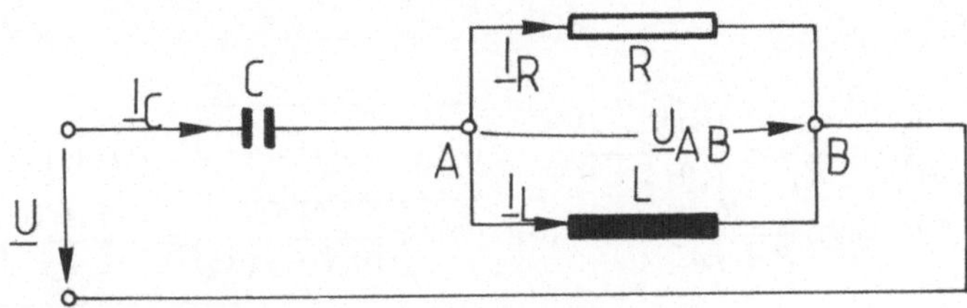

Bekannt sind: $R = 10\,\Omega$; $L = \dfrac{0,1}{\pi}\,H$; $C = \dfrac{1}{\pi}\,mF$.

Berechnen Sie:

1. Die komplexe Gesamtimpedanz $\underline{Z}_g$, R_g und X_g.

2. Die komplexe Gesamtadmittanz $\underline{Y}_g$, G_g und B_g.

3. Die Zeitfunktionen der Ströme i_C, i_R, i_L und der Spannung u_{AB}.

4. Stellen Sie die Leistungsbilanz auf.

5. Skizzieren Sie die Zeigerdiagramme der Spannungen und Ströme mit I_R in der horizontalen Achse.

Fortsetzung Beispiel 4.9:

Lösung:

$$\underline{U} = 100\,V\,e^{j\,225^\circ} = -70,7\,V\,(1+j)$$

1.

$$\underline{Z}_g = -\frac{j}{\omega C} + \frac{R \cdot j\omega L}{R + j\omega L} = -\frac{j}{100\pi \frac{1}{\pi} \cdot 10^{-3}}\,\Omega + \frac{10 \cdot j100\pi \frac{0,1}{\pi}}{10 + 10j}\,\Omega$$

$$= -j10\,\Omega + \frac{10j(1-j)}{2}\,\Omega$$

$$\boxed{\underline{Z}_g = (5 - 5j)\,\Omega = 7,07\,e^{-j\,45^\circ}\,\Omega}$$

$$\boxed{R_g = 5\,\Omega} \quad ; \quad \boxed{X_g = -5\,\Omega} \quad (kapazitiv).$$

2.

$$\underline{Y}_g = \frac{1}{\underline{Z}_g} = \frac{1}{7,07}e^{j\,45^\circ}\,S = 0,14\,e^{j\,45^\circ}\,S = \boxed{(0,1 + 0,1j)\,S}$$

$$\boxed{G_g = 0,1\,S} \quad ; \quad \boxed{B_g = -0,1\,S} \quad .$$

3.

$$\underline{I}_C = \frac{\underline{U}}{\underline{Z}_g} = \frac{100\,V\,e^{-j\,135^\circ}}{7,07\,\Omega\,e^{-j\,45^\circ}} = \boxed{14,14\,A\,e^{-j\,90^\circ}} = -j14,14\,A$$

$$\underline{I}_L = \underline{I}_C \frac{R}{R + j\omega L} = 14,14\,e^{-j\,90^\circ}\,A\,\frac{10\,\Omega}{10\,\Omega + j10\,\Omega} = \frac{-j14,14}{1+j}\,A$$

$$= -14,14\frac{j(1-j)}{2}\,A = (-7,07 - j7,07)\,A = \boxed{10\,A\,e^{-j\,135^\circ}}$$

$$\underline{I}_R = \underline{I}_C - \underline{I}_L = -j14,14\,A + 7,07(1+j)\,A = \boxed{(7,07 - j7,07)\,A = 10\,A\,e^{-j\,45^\circ}}$$

$$\text{Die Zeitfunktionen:} \quad \boxed{\begin{aligned} i_C &= \sqrt{2} \cdot 14,14\,A\,\sin(\omega t - 90^\circ) \\ i_L &= \sqrt{2} \cdot 10\,A\,\sin(\omega t - 135^\circ) \\ i_R &= \sqrt{2} \cdot 10\,A\,\sin(\omega t - 45^\circ) \\ u_{AB} &= R \cdot i_R = \sqrt{2} \cdot 100\,V\,\sin(\omega t - 45^\circ) \end{aligned}}$$

Fortsetzung Beispiel 4.9:

4. Um die Leistungsbilanz zu überprüfen, berechnet man die Scheinleistung $\underline{S}$:

$$\underline{S} = \underline{U} \cdot \underline{I}_C^* = 100\,V\,e^{-j\,135°} \cdot 14,14\,A\,e^{+j\,90°} = 14,14\,VA\,e^{-j\,45°} = 1000(1-j)\,VA\,.$$

Die Wirkleistung P, die in dem einzigen Widerstand R verbraucht wird, ist:

$$P = R \cdot I_R^2 = 10\,\Omega(10\,A)^2 = 1000\,W$$

und ist gleich dem Realteil der Scheinleistung $\underline{S}$.
Die Blindleistung wird in der Induktivität L und in der Kapazität C umgesetzt.

$$Q = \omega L \cdot I_L^2 - \frac{1}{\omega C} \cdot I_C^2 = 10\,\Omega \cdot (10\,A)^2 - 10\,\Omega \cdot (14,14\,A)^2 = -1000\,var \quad .$$

Diese negative Blindleistung ergab sich auch als Imaginärteil der Scheinleistung $\underline{S}$.

5. Das Zeigerdiagramm der Spannungen und Ströme (gestrichelt) sieht folgendermaßen aus:

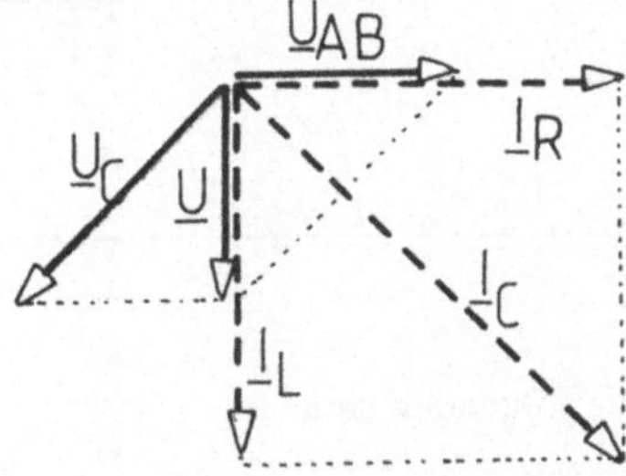

Beispiel 4.10:

In der folgenden Schaltung (Bild oben) kann man mit den drei Meßgeräten: Strommesser A, Spannungsmesser V und Leistungsmesser W nicht bestimmen, ob die Impedanz (R_1, X_1) induktiv oder kapazitiv, d.h. ob die Phasenverschiebung φ zwischen $\underline{U}$ und $\underline{I}$ positiv oder negativ, ist.

Dazu kann man eine zusätzliche Messung mit einer in Reihe geschalteten Spule (R_2, X_2) durchführen (Bild unten).

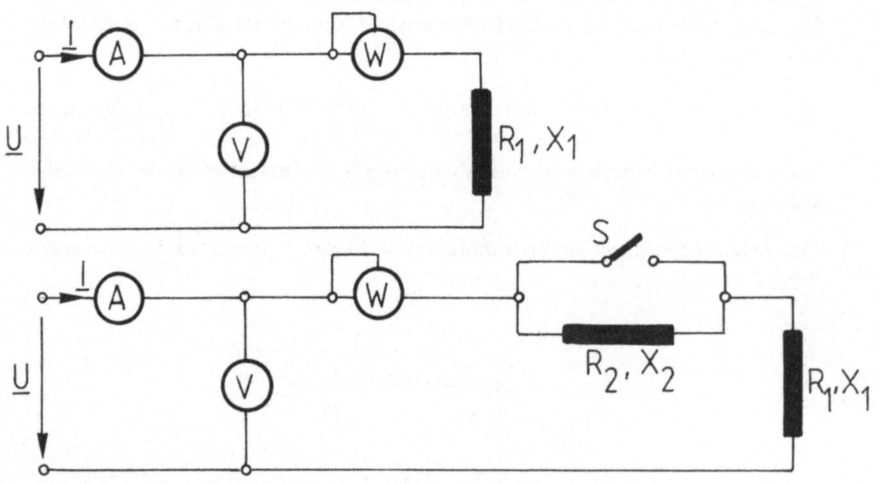

Die Meßergebnisse sollen die folgenden sein:

a)   Schalter S geschlossen: $U = 100\,V,\ I = 10\,A,\ P = 300\,W$
b)   Schalter S offen: $U = 100\,V,\ I = 12,5\,A,\ P = 625\,W$.

1. Berechnen Sie die Werte R_1, X_1, Z_1 des Verbrauchers und R_2, X_2, Z_2 der Zusatzspule.

2. Berechnen Sie für den Fall b) die Spannungen U_1 und U_2 (an $\underline{Z}_1$ und $\underline{Z}_2$) und überprüfen Sie sie mit Hilfe des Zeigerdiagrammes.

Fortsetzung Beispiel 4.10:

Lösung:

1. Aus der Messung a) ergibt sich:

$$P_1 = R_1\,I^2 \;\Rightarrow\; R_1 = \frac{P_1}{I^2} = \boxed{3\,\Omega}$$

und weiter: $Z_1 = \frac{U}{I} = 10\,\Omega$.
Daraus:

$$X_1 = \sqrt{Z_1^2 - R_1^2} = \boxed{9,54\,\Omega}$$

$$\varphi_1 = \arctan\frac{9,54}{3} = \boxed{72,5^\circ}$$

$$\underline{Z}_1 = 10\,\Omega\,e^{\pm j72,5^\circ} = (3 \pm j9,54)\Omega \quad .$$

Das Vorzeichen von φ_1 kann nicht bestimmt werden.
Bei offenem Schalter (b) gilt:

$$\underline{Z} = \underline{Z}_1 + \underline{Z}_2 \;;\; Z = \frac{U}{I} = 8\,\Omega$$

$$P = U\,I\,\cos\varphi \;\Rightarrow\; \varphi = \arccos\frac{625}{100\cdot 12,5} = \arccos 0,5 = 60^\circ$$

$$\underline{Z} = 8\,\Omega\,e^{j60^\circ} = 4\,\Omega + j6,93\,\Omega$$

$$\underline{Z}_2 = \underline{Z} - \underline{Z}_1$$

$$\underline{Z}_2 = 4\,\Omega + j6,93\,\Omega - (3\,\Omega \pm j9,54\,\Omega)$$

$$\underline{Z}_2 = (1 - j2,61)\Omega \quad und \quad \underline{Z}_2 = (1 + j16,47)\Omega \quad .$$

Da man weiss, daß $\underline{Z}_2$ eine Induktivität ist, gilt offensichtlich:

$$\boxed{\underline{Z}_2 = (1 + j16,47)\Omega}$$

und somit ist der Verbraucher $\underline{Z}_1$ kapazitiv:

$$\boxed{\underline{Z}_1 = (3 - j9,54)\Omega} \quad .$$

Fortsetzung Beispiel 4.10:

2. Jetzt gilt das folgende Ersatzschaltbild.:

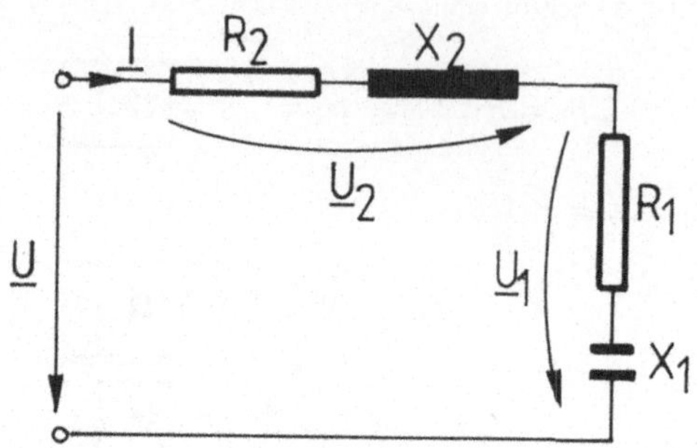

Somit ist:

$$
\begin{aligned}
U_{R1} &= R_1\,I &&= 3\,\Omega \cdot 12,5\,A &&= 37,5\,V \\
U_{R2} &= R_2\,I &&= 1\,\Omega \cdot 12,5\,A &&= 12,5\,V \\
U_L &= X_2\,I &&= 16,47\,\Omega \cdot 12,5\,A &&= 205,9\,V \\
U_C &= X_1\,I &&= 9,54\,\Omega \cdot 12,5\,A &&= 119,25\,V
\end{aligned}
$$

$$
U_1 = \sqrt{37,5^2 + 119,25^2}\,V = \boxed{125\,V}
$$

$$
U_2 = \sqrt{12,5^2 + 205,9^2}\,V = \boxed{206,28\,V} \quad .
$$

Diese Werte ergeben sich auch graphisch.

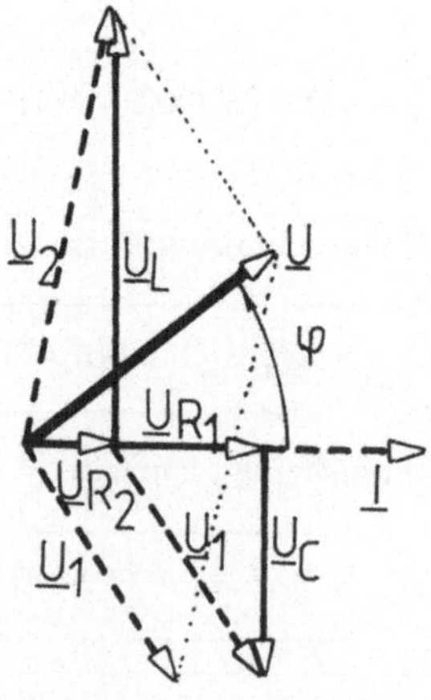

Überprüfung: $\underline{U} = \underline{U}_1 + \underline{U}_2$ und $\varphi = 60°$.

4.3 Netzumwandlung

4.3.1 Bedingung für Umwandlungen

Bei einer Netzumwandlung ersetzt man einen Teil einer Schaltung durch einen anderen, von einfacherer Struktur, wobei durch die Umwandlung die Verteilung der Ströme und Spannungen in der restlichen Schaltung unverändert bleiben muß.

Der Sinn der Umwandlung ist die sukzessive Vereinfachung der Schaltung, die dazu führen soll, daß man zur Bestimmung von Strömen und Spannungen nicht mehr große Gleichungssysteme mit vielen Unbekannten lösen muß, wie das bei der Anwendung der Kirchhoffschen Gleichungen der Fall ist.

In den vorherigen Abschnitten wurden bereits Netzumwandlungen durchgeführt, indem man in Reihe und parallel geschaltete Zweipole durch einen äquivalenten Zweipol ersetzt hat.

In manchen Schaltungen kann man jedoch die Impedanzen nicht mehr in Reihe oder parallel schalten, wie das Beispiel der unabgeglichenen Wechselstrombrücke in Abb.40 zeigt.

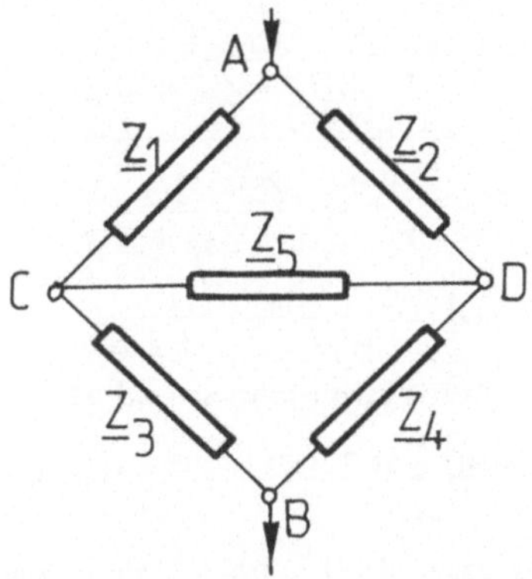

Abbildung 40: Unabgeglichene Wechselstrombrücke

In der Tat, kann man jetzt die Gesamtimpedanz $\underline{Z}_{AB}$ nicht mehr direkt schreiben, wie man bei der „abgeglichenen"Brücke (ohne $\underline{Z}_5$) konnte.

In solchen Fällen kann man Umwandlungen von Dreiecken in Sterne (oder von Sternen in Dreiecke) vornehmen, wie von der Gleichstromtechnik bekannt ist. Die Bedingung für die Umwandlung ist:

„Bei gleichen angelegten Klemmenspannungen müssen die aufgenommenen Ströme gleich bleiben".

4.3.2 Die Umwandlung Dreieck-Stern

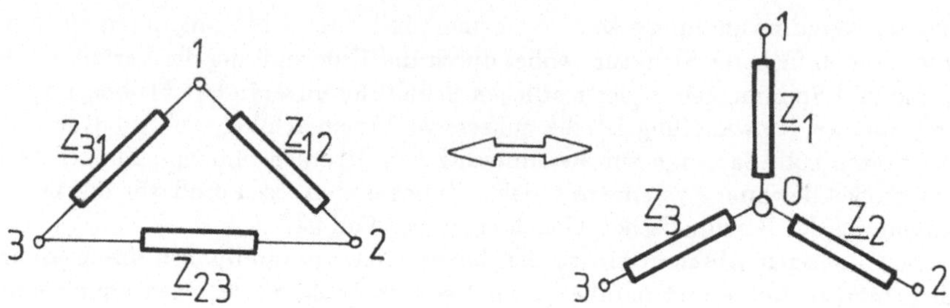

Abbildung 41: Umwandlung Dreieck-Stern

Jedem Impedanz-Dreieck mit den Impedanzen $\underline{Z}_{12}$, $\underline{Z}_{23}$ und $\underline{Z}_{31}$ entspricht ein
äquivalenter Impedanz-Stern mit den drei Impedanzen:

$$\boxed{\underline{Z}_1 = \frac{\underline{Z}_{12} \cdot \underline{Z}_{31}}{\underline{Z}_{12} + \underline{Z}_{23} + \underline{Z}_{31}}} \tag{152}$$

$$\underline{Z}_2 = \frac{\underline{Z}_{23} \cdot \underline{Z}_{12}}{\underline{Z}_{12} + \underline{Z}_{23} + \underline{Z}_{31}}$$

$$\underline{Z}_3 = \frac{\underline{Z}_{31} \cdot \underline{Z}_{23}}{\underline{Z}_{12} + \underline{Z}_{23} + \underline{Z}_{31}} \ .$$

Für die Admittanzen des Sterns kann man schreiben:

$$\underline{Y}_1 = \frac{\underline{Y}_{12} \cdot \underline{Y}_{23} + \underline{Y}_{23} \cdot \underline{Y}_{31} + \underline{Y}_{31} \cdot \underline{Y}_{12}}{\underline{Y}_{23}} \ ; \ \underline{Y}_2 = \dots \ ; \ \underline{Y}_3 = \dots \tag{153}$$

Die Formelgruppen (152) bzw. (153) können jeweils aus einer Formel hergeleitet
werden, wenn man die Indizes 1, 2, 3 *zyklisch* vertauscht.
Die Formeln (152) ergeben sich aus der Bedingung, daß die Gesamtimpedanz der
beiden Schaltungen (Dreieck und Stern) dieselbe sein muß. Wenn z.B. die Klemme
1 nicht angeschlossen ist, müssen die verbliebenen Zweipole mit den Klemmen 2
und 3 dieselbe Impedanz aufweisen:

$$\frac{\underline{Z}_{23} \left(\underline{Z}_{12} + \underline{Z}_{31} \right)}{\underline{Z}_{12} + \underline{Z}_{23} + \underline{Z}_{31}} = \underline{Z}_2 + \underline{Z}_3 \ . \tag{154}$$

Dasselbe muß auftreten wenn die Klemme 2, bzw. die Klemme 3 nicht angeschlossen ist:

$$\frac{\underline{Z}_{31} \left(\underline{Z}_{23} + \underline{Z}_{12} \right)}{\underline{Z}_{12} + \underline{Z}_{23} + \underline{Z}_{31}} = \underline{Z}_3 + \underline{Z}_1 \tag{155}$$

$$\frac{\underline{Z}_{12}\,(\underline{Z}_{31} + \underline{Z}_{23})}{\underline{Z}_{12} + \underline{Z}_{23} + \underline{Z}_{31}} = \underline{Z}_1 + \underline{Z}_2 \,. \tag{156}$$

Durch Addition der Formeln (154), (155) und (156) ergibt sich:

$$\frac{\underline{Z}_{12} \cdot \underline{Z}_{23} + \underline{Z}_{23} \cdot \underline{Z}_{31} + \underline{Z}_{31} \cdot \underline{Z}_{12}}{\underline{Z}_{12} + \underline{Z}_{23} + \underline{Z}_{31}} = \underline{Z}_1 + \underline{Z}_2 + \underline{Z}_3 \,. \tag{157}$$

Wenn man jetzt nacheinander die Formeln (154), (155) und (156) aus der Formel (157) subtrahiert, erreicht man die Umwandlungsformeln (152).

Beispiel 4.11:

Es soll die Gesamtimpedanz $\underline{Z}_{AB}$ der unabgeglichenen Brücke (Abb.40) bestimmt werden.

Dazu wandelt man eines der zwei Dreiecke, z.B. ACD, in einen Stern um:

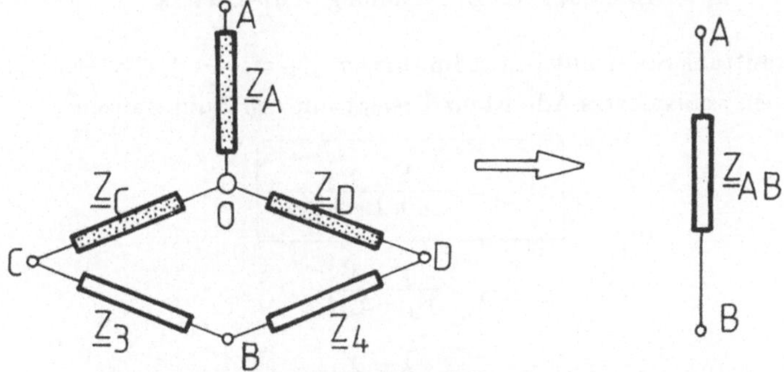

Abbildung: Umwandlung Dreieck-Stern zur Bestimmung
der Brückenimpedanz $\underline{Z}_{AB}$

Kennt man die umgewandelten Sternimpedanzen $\underline{Z}_A$, $\underline{Z}_C$, $\underline{Z}_D$, so kann die gesuchte Impedanz direkt geschrieben werden:

$$\underline{Z}_{AB} = \underline{Z}_A + \frac{(\underline{Z}_C + \underline{Z}_3)(\underline{Z}_D + \underline{Z}_4)}{\underline{Z}_C + \underline{Z}_3 + \underline{Z}_D + \underline{Z}_4} \,.$$

Die drei Sternimpedanzen ergeben sich nach den Formeln (152):

$$\underline{Z}_A = \frac{\underline{Z}_1 \cdot \underline{Z}_2}{\underline{Z}_1 + \underline{Z}_2 + \underline{Z}_5} \;;\; \underline{Z}_C = \frac{\underline{Z}_1 \cdot \underline{Z}_5}{\underline{Z}_1 + \underline{Z}_2 + \underline{Z}_5}$$

$$\underline{Z}_D = \frac{\underline{Z}_2 \cdot \underline{Z}_5}{\underline{Z}_1 + \underline{Z}_2 + \underline{Z}_5} \,.$$

4.3.3 Die Umwandlung Stern-Dreieck

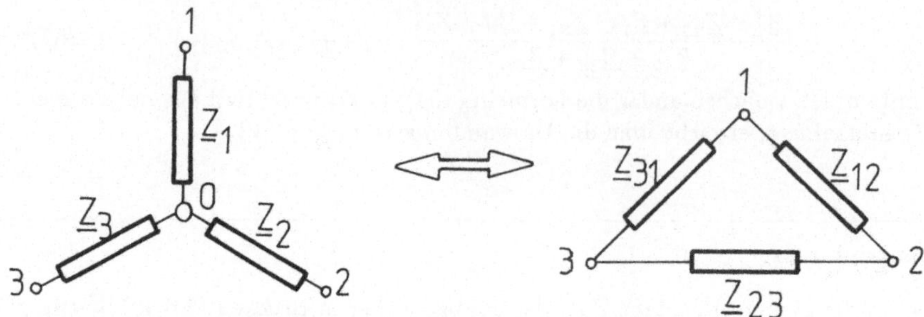

Abbildung 42: Umwandlung Stern-Dreieck

Jedem Admittanz-Stern mit den Admittanzen $\underline{Y}_1 = \dfrac{1}{\underline{Z}_1}$, $\underline{Y}_2 = \dfrac{1}{\underline{Z}_2}$, $\underline{Y}_3 = \dfrac{1}{\underline{Z}_3}$
entspricht ein äquivalentes Admittanz-Dreieck mit den Admittanzen:

$$\boxed{\underline{Y}_{12} = \frac{\underline{Y}_1 \cdot \underline{Y}_2}{\underline{Y}_1 + \underline{Y}_2 + \underline{Y}_3}} \tag{158}$$

$$\underline{Y}_{23} = \frac{\underline{Y}_2 \cdot \underline{Y}_3}{\underline{Y}_1 + \underline{Y}_2 \underline{Y}_3}$$

$$\underline{Y}_{31} = \frac{\underline{Y}_3 \cdot \underline{Y}_1}{\underline{Y}_1 + \underline{Y}_2 + \underline{Y}_3}$$

bzw. mit den Impedanzen:

$$\underline{Z}_{12} = \frac{1}{\underline{Y}_{12}} = \frac{\underline{Z}_1 \cdot \underline{Z}_2 + \underline{Z}_2 \cdot \underline{Z}_3 + \underline{Z}_3 \cdot \underline{Z}_1}{\underline{Z}_3} \; ; \; \underline{Z}_{23} = \dots \; ; \; \underline{Z}_{31} = \dots \tag{159}$$

Auch diese Formeln können durch *zyklisches* Vertauschen der Indizes hergeleitet
werden.

Die Formeln (158) erreicht man wieder, wenn man schreibt, daß die Admittanzen
des Sterns und des äquivalenten Dreiecks gleich sein müssen. Das muß z.B. auch
für den Fall gelten, daß die Klemmen 2 und 3 kurzgeschlossen werden. Für die
verbleibenden Zweipole gilt:

$$\underline{Y}_{12} + \underline{Y}_{23} = \frac{\underline{Y}_1 \, (\underline{Y}_2 + \underline{Y}_3)}{\underline{Y}_1 + \underline{Y}_2 + \underline{Y}_3} \; .$$

Ähnliche Beziehungen (mit zyklisch vertauschten Indizes) ergeben sich, wenn die
Klemmen 3 und 1 bzw. 1 und 2 zusammengeschlossen werden. Addiert man die

drei erhaltenen Beziehungen und subtrahiert anschließend nacheinander jede von ihnen aus der Summe, so ergeben sich die Formeln (158).

Beispiel 4.12:

Der folgende Impedanz-Stern, mit $\omega L = \dfrac{1}{\omega C} = R$ soll in ein Impedanz-Dreieck umgewandelt werden.

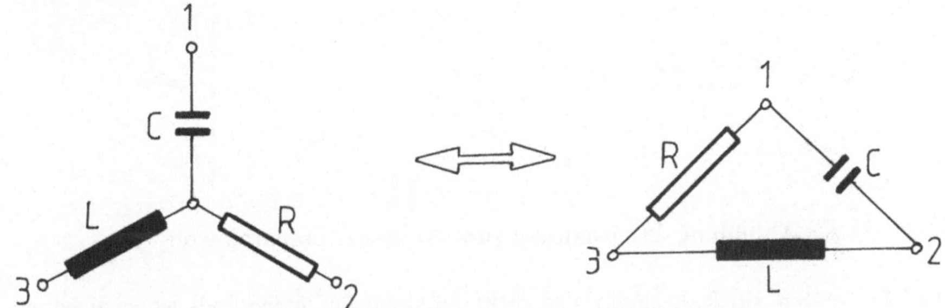

Mit den Formeln (158) berechnet man die umgewandelten Admittanzen:

$$\underline{Y}_{12} = \frac{\dfrac{1}{R} \cdot j\omega C}{\dfrac{1}{R} + \dfrac{1}{j\omega L} + j\omega C} = \boxed{j\omega C}$$

$$\underline{Y}_{23} = \frac{\dfrac{1}{R} \cdot \dfrac{1}{j\omega L}}{\dfrac{1}{R}} = \boxed{\dfrac{1}{j\omega L}}$$

$$\underline{Y}_{31} = \frac{\dfrac{1}{j\omega L} \cdot j\omega C}{\dfrac{1}{R}} = \frac{\omega^2 C^2}{\dfrac{1}{R}} = \boxed{\dfrac{1}{R}} \quad .$$

Das äquivalente Dreieck ist auf dem Bild oben rechts gezeigt.

4.4 Besondere Wechselstromschaltungen

In der Wechselstromtechnik besteht die Möglichkeit, mit Hilfe von Induktivitäten oder/und Kapazitäten die Phasenverschiebung zwischen Spannung und Strom zu verändern, wodurch Schaltungskombinationen entstehen können, die besondere Effekte bewirken, die in der Gleichstromtechnik ausgeschlossen sind.

Im folgenden sollen einige solcher Schaltungen, die meistens in der Meßtechnik Anwendung finden, untersucht werden.

4.4.1   Wechselstromparadoxon

Auf Abb.43 ist eine Schaltung gezeigt, bei der durch entsprechende Dimensionierung eines Widerstandes (R_2) erreicht werden kann, daß der Betrag des durch die Schaltung fließenden Gesamtstromes $\underline{I}$ bei geöffnetem und geschlossenem Schalter S derselbe bleibt.

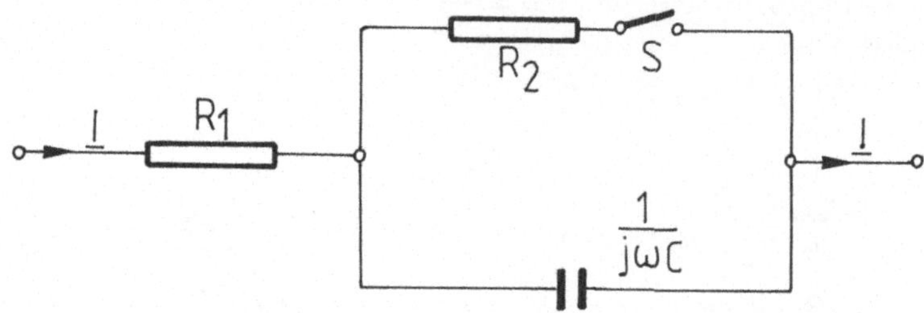

Abbildung 43: Schaltung zum Wechselstromparadoxon

Auf den ersten Blick erscheint das nicht möglich; auf jeden Fall ist es in einer Gleichstromschaltung nicht möglich, einen Strom unverändert zu behalten, wenn ein zusätzlicher Widerstand eingeschaltet wird.

In der Schaltung Abb.43 ist das, für einen bestimmten Wert des Widerstandes R_2, möglich. Dieser bestimmte Wert soll im folgenden festgelegt werden.

Damit $|\underline{I}|$ unverändert bleibt, muß die Impedanz der Schaltung in beiden Fällen (off: Schalter S offen, zu: Schalter S geschlossen) derselbe sein:

$$|\underline{Z}_{off}| = |\underline{Z}_{zu}| \quad .$$

Es gilt:

$$\underline{Z}_{off} = R_1 - \frac{j}{\omega C} \tag{160}$$

$$\underline{Z}_{zu} = R_1 + \frac{R_2 \cdot \frac{1}{j\omega C}}{R_2 + \frac{1}{j\omega C}} = R_1 + \frac{R_2}{1 + jR_2\omega C} \quad . \tag{161}$$

Setzt man die beiden Beträge gleich, so hat man eine Gleichung mit der einzigen Unbekannten R_2.

Eine Vereinfachung der Berechnung erhält man, wenn man die Impedanzen mit (ωC) multipliziert und weiter mit dimensionslosen Größen arbeitet:

$$\underline{Z}_{off} \cdot \omega C = R_1 \omega C - j$$

$$\underline{Z}_{zu} \cdot \omega C = R_1 \omega C + \frac{R_2 \omega C}{1 + jR_2\omega C} \quad .$$

Zur weiteren Vereinfachung kann man zwei neue Variablen einführen:

$$x_1 = R_1 \omega C \quad , \quad x_2 = R_2 \omega C \quad .$$

Damit wird:

$$\underline{Z}_{off} \cdot \omega C = x_1 - j$$

$$\underline{Z}_{zu} \cdot \omega C = x_1 + \frac{x_2}{1 + jx_2} = \frac{x_1 + x_2 + jx_1x_2}{1 + jx_2}$$

und weiter:

$$|\underline{Z}_{off} \cdot \omega C|^2 = x_1^2 + 1$$

$$|\underline{Z}_{zu} \cdot \omega C|^2 = \frac{(x_1 + x_2)^2 + (x_1x_2)^2}{1 + x_2^2} \quad .$$

Die Gleichung zur Bestimmung von x_2 wird:

$$1 + x_1^2 = \frac{(x_1 + x_2)^2 + (x_1x_2)^2}{1 + x_2^2}$$

$$(1 + x_1^2)(1 + x_2^2) = x_1^2 + x_2^2 + 2x_1x_2 + x_1^2x_2^2$$

$$2x_1x_2 = 1 \quad \Rightarrow \quad x_2 = \frac{1}{2x_1}$$

$$\boxed{R_2 = \frac{1}{2R_1\omega^2 C^2}} \quad . \tag{162}$$

Für eine bestimmte Frequenz kann man also R_2 so auswählen, daß der Betrag des Gesamtstromes unverändert bleibt.

4.4.2 Schaltungen zur Erzeugung konstanter Ströme (Boucherot)

Mit der kombinierten Schaltung auf Abb.44a) kann man unter bestimmten Bedingungen erreichen, daß der Strom $\underline{I}_3$ durch die Impedanz $\underline{Z}_3$ unabhängig von dem Wert von $\underline{Z}_3$ konstant bleibt (wenn die angelegte Spannung $\underline{U}$ konstant ist).

Die Gesamtimpedanz der Schaltung ist:

$$\underline{Z} = \underline{Z}_1 + \frac{\underline{Z}_2 \cdot \underline{Z}_3}{\underline{Z}_2 + \underline{Z}_3} = \frac{\underline{U}}{\underline{I}_1} \quad \Rightarrow \quad \underline{I}_1 = \frac{\underline{U}(\underline{Z}_2 + \underline{Z}_3)}{\underline{Z}_1\underline{Z}_2 + \underline{Z}_3(\underline{Z}_1 + \underline{Z}_2)}$$

und der Strom $\underline{I}_3$ ergibt sich nach der Stromteilerregel als:

$$\underline{I}_3 = \underline{I}_1 \frac{\underline{Z}_2}{\underline{Z}_2 + \underline{Z}_3} = \frac{\underline{U}\,\underline{Z}_2}{\underline{Z}_1\underline{Z}_2 + \underline{Z}_3(\underline{Z}_1 + \underline{Z}_2)} \quad . \tag{163}$$

Die Bedingung, daß $\underline{I}_3$ unabhängig von $\underline{Z}_3$ sein sollte, ist die komplexe Beziehung:

$$\underline{Z}_1 + \underline{Z}_2 = 0 \quad . \tag{164}$$

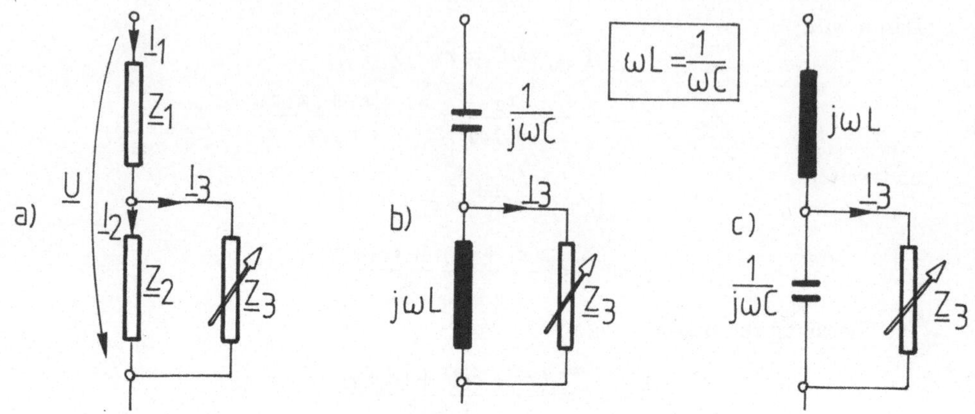

Abbildung 44: Boucherot-Schaltungen

woraus sich zwei reelle Bedingungen ergeben:

$$R_1 + R_2 = 0$$

$$X_1 + X_2 = 0 \quad . \tag{165}$$

Beide Widerstände müssen somit gleich Null sein:

$$R_1 = R_2 = 0 \quad .$$

Die Bedingung für die Reaktanzen wird erfüllt, wenn $\underline{Z}_1$ ein idealer Kondensator und $\underline{Z}_2$ eine ideale Induktivität ist (Abb.44b), oder umgekehrt (Abb.44c), wobei in beiden Fällen

$$j\omega L + \frac{1}{j\omega C} = 0 \;\Rightarrow\; \omega L = \frac{1}{\omega C} \tag{166}$$

sein muß (Resonanzbedingung).
Der invariable Strom $\underline{I}_3$ wird dann:

$$\underline{I}_3 = \frac{U}{\underline{Z}_1} = \underline{U} \cdot j\omega C \quad (\textit{für die Schaltung 44b})$$

$$\underline{I}_3 = \frac{U}{\underline{Z}_1} = -j\frac{U}{\omega L} \quad (\textit{für die Schaltung 44c}) \quad .$$

Solche Schaltungen liefern bei konstanter Spannung konstante Ströme, unabhängig von der Lastimpedanz $\underline{Z}_3$. Da jedoch die Bedingung $R_1 = R_2 = 0$ (ideale Schaltelemente) nicht exakt realisierbar ist, ist auch der Strom nur ungefähr konstant.

4.4.3 Schaltungen für 90°-Phasenverschiebung (Hummel, Polek)

In bestimmten Anwendungsfällen, wie z.B. in der Meßtechnik (zur Messung von Blindleistungen) ist es erwünscht, daß zwischen einem bestimmten Strom und einer bestimmten Spannung eine Phasenverschiebung von 90° vorliegt.
Eine Schaltung mit der eine solche Beziehung erfüllt werden kann ist die auf Abb.45 dargestellte, sogenannte „Hummel-Schaltung".

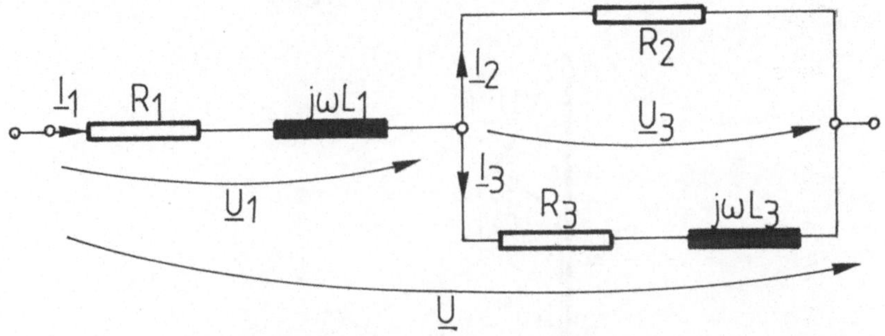

Abbildung 45: Hummel-Schaltung

Für bestimmte Werte des Widerstandes R_2, die im folgenden ermittelt werden sollen, wird der Zweigstrom $\underline{I}_3$ der anliegenden Spannung $\underline{U}$ um 90° nacheilen.
Man schreibt die Beziehung zwischen $\underline{U}$ und $\underline{I}_3$. Damit der Phasenwinkel zwischen ihnen 90° ist, muß diese Beziehung, die allgemein die Form $\underline{U} = a + jb\underline{I}_3$ hat, nur einen Imaginärteil aufweisen. Aus der Bedingung, daß der Realteil gleich Null sein sollte, ergibt sich R_2.
Für $\underline{U}$ gilt:

$$\underline{U} = \underline{U}_1 + \underline{U}_3$$

$$\underline{U} = (\underline{I}_2 + \underline{I}_3)(R_1 + j\omega L_1) + \underline{I}_3(R_3 + j\omega L_3) \quad . \tag{167}$$

Es muß nur noch der Strom $\underline{I}_2$ ersetzt werden. Nach der Stromteilerregel gilt:

$$\underline{I}_2 = \underline{I}_3 \frac{R_3 + j\omega L_3}{R_2}.$$

Die Beziehung zwischen $\underline{U}$ und $\underline{I}_3$ wird somit:

$$\underline{U} = \underline{I}_3\left[\left(1 + \frac{R_3 + j\omega L_3}{R_2}\right)(R_1 + j\omega L_1) + (R_3 + j\omega L_3)\right]$$

$$\underline{U} = \underline{I}_3[(R_2 + R_3 + j\omega L_3)(R_1 + j\omega L_1) + R_2(R_3 + j\omega L_3)]\frac{1}{R_2} \quad .$$

Der Realteil wird Null gesetzt, damit $\underline{I}_3$ um 90° $\underline{U}$ nacheilt:

$$R_1 R_2 + R_1 R_3 - \omega^2 L_1 L_3 + R_2 R_3 = 0 \quad .$$

Die Auslegungsvorschrift für R_2 ist:

$$R_2 = \frac{\omega^2 L_1 L_3 - R_1 R_3}{R_1 + R_3} \qquad (168)$$

oder weiter, wenn im Zweig 3 eine reine Induktivität vorliegt,

$$(R_3 \approx 0): \qquad R_2 = \frac{\omega^2 L_1 L_3}{R_1}. \qquad (169)$$

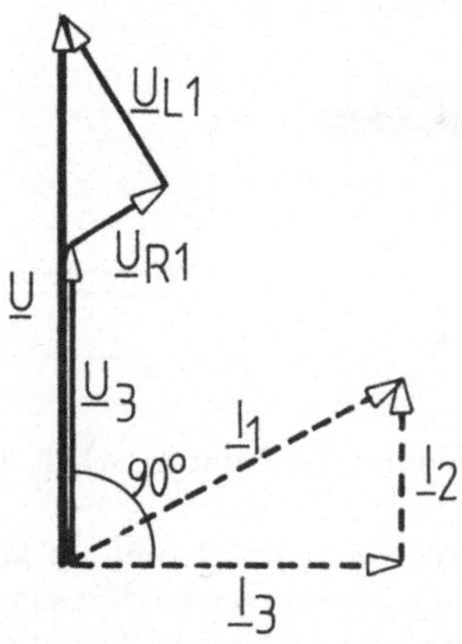

Abbildung 46: Zeigerdiagramm zu der Hummel-Schaltung mit $R_3 \approx 0$

Eine Variante der Hummel-Schaltung, mit der man durch weitere in Reihe geschaltete Widerstände eine Meßbereichserweiterung erzielen kann (bei der Hummel-Schaltung würde durch die Reihenschaltung von Widerständen die Phasenlage beeinflußt werden), ist die Polek-Schaltung (Abb.47).

Hier wurde der Widerstand R_2 durch eine Kapazität C ersetzt. Wenn

$$L_1 = L_3 = L$$

gilt, wie groß soll C sein, damit der Strom $\underline{I}_3$ der Spannung $\underline{U}$ um $90°$ nacheilt, und zwar unabhängig von der Größe der Widerstände R_1 und R_3?
Man schreibt für die Gesamtspannung $\underline{U}$:

$$\underline{U} = \left(\underline{Z}_1 + \frac{\underline{Z}_2 \cdot \underline{Z}_3}{\underline{Z}_2 + \underline{Z}_3} \right) \underline{I}_1$$

und, nach der Stromteilerregel:

$$\underline{I}_3 = \underline{I}_1 \frac{\underline{Z}_2}{\underline{Z}_2 + \underline{Z}_3} \quad \Rightarrow \quad \underline{I}_1 = \underline{I}_3 \frac{\underline{Z}_2 + \underline{Z}_3}{\underline{Z}_2}$$

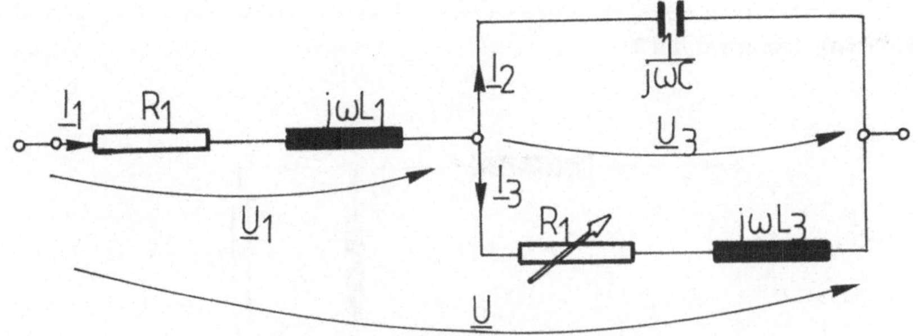

Abbildung 47: Polek-Schaltung

$$\underline{U} = \left(\underline{Z}_1 + \frac{\underline{Z}_2\underline{Z}_3}{\underline{Z}_2 + \underline{Z}_3}\right) \cdot \frac{\underline{Z}_2 + \underline{Z}_3}{\underline{Z}_2} I_3 = \underline{I}_3\left(\underline{Z}_1 + \underline{Z}_3 + \frac{\underline{Z}_1\underline{Z}_3}{\underline{Z}_2}\right)$$

Die letzte Klammer ist gleich:

$$R_1 + j\omega L + R_3 + j\omega L + \frac{(R_1 + j\omega L)(R_3 + j\omega L)}{\frac{1}{j\omega C}}$$

und ihr Realteil ist:

$$R_1 + R_3 - R_1\omega^2 LC - R_3\omega^2 LC = (R_1 + R_3)(1 - \omega^2 LC) \quad .$$

Wird dieser Realteil Null gesetzt, so ergibt sich die Bedingung:

$$C = \frac{1}{\omega^2 L} \quad , \tag{170}$$

die für jeden Wert der Summe $(R_1 + R_3)$ gilt.

Beispiel 4.13:

Bei einem Elektrizitätszähler soll mit Hilfe der folgenden Schaltung eine Phasenverschiebung von 90° zwischen dem Strom $\underline{I}_2$ und der Netzspannung $\underline{U}$ realisiert werden.

Bestimmen Sie den dazu benötigten Widerstand R_1, wenn es gilt:

$$\underline{Z} = (100 + j500)\Omega$$

$$\underline{Z}_2 = (400 + j1000)\Omega \quad .$$

Fortsetzung Beispiel 4.13:

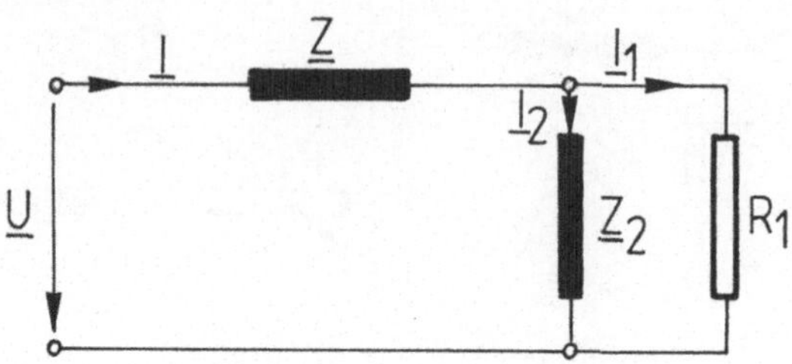

Lösung:

Damit $\underline{I}_2$ der Spannung $\underline{U} = U\,e^{j0^\circ}$ um 90° nacheilt, muß dieser komplexe Strom nur einen Imaginärteil haben, der Realteil soll Null sein.

Man schreibt den Strom $\underline{I}_2$ mit der Stromteilerregel:

$$\underline{I}_2 = \underline{I}\,\frac{R_1}{R_1 + \underline{Z}_2} \quad mit: \quad \underline{I} = \frac{\underline{U}}{\underline{Z} + \frac{R_1\underline{Z}_2}{R_1+\underline{Z}_2}}$$

$$\underline{I}_2 = \frac{\underline{U}\,R_1}{\underline{Z}(R_1 + \underline{Z}_2) + R_1\,\underline{Z}_2} \quad .$$

Das ist eine komplexe Zahl der Form:

$$\frac{a}{b + jc} = \frac{a(b - jc)}{b^2 + c^2} \quad .$$

Die Bedingung, daß der Realteil Null ist, lautet:
$$a\,b = 0 \text{ und da } a \neq 0 \text{ ist, } \Rightarrow \quad b = 0.$$
Man muß also den Realteil des Zählers gleich Null setzen.

$$(100 + j500)(R_1 + 400 + j1000) + R_1(400 + j1000) = 0$$

$$R_1 = \frac{46 \cdot 10^2}{500}\,\Omega = \boxed{920\Omega} \quad .$$

4.4.4 Frequenzunabhängige (aperiodische) Schaltungen

Man kann auch Schaltungen realisieren, deren gesamte komplexe Impedanz frequenz*unabhängig* ist, obwohl die Schaltung auch Reaktanzen enthält. Zwei solche „aperiodische" Schaltungen sind auf Abb.48 dargestellt.

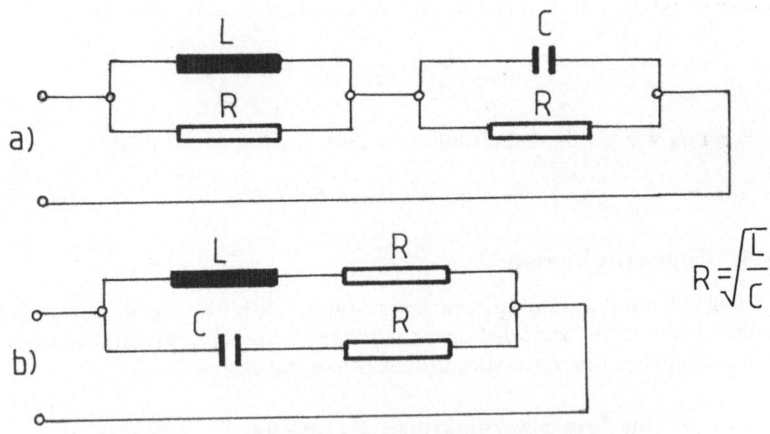

Abbildung 48: Frequenzunabhängige Impedanzen

Die gesamte komplexe Impedanz der Schaltung Abb.48a) ist:

$$\underline{Z}_a = \frac{R\,j\omega L}{R + j\omega L} + \frac{R\,\frac{1}{j\omega C}}{R + \frac{1}{j\omega C}} = R\,\frac{j\omega L(R + \frac{1}{j\omega C}) + \frac{1}{j\omega C}(R + j\omega L)}{(R + j\omega L)(R + \frac{1}{j\omega C})} \quad .$$

Nach dem Ausmultiplizieren erhält man:

$$\underline{Z}_a = R\,\frac{jR(\omega L - \frac{1}{\omega C}) + 2\frac{L}{C}}{R^2 + jR(\omega L - \frac{1}{\omega C}) + \frac{L}{C}} \quad . \tag{171}$$

Damit die Impedanz frequenzunabhängig ist, müssen Zähler und Nenner gleich groß sein.
Die Bedingung lautet:

$$R^2 + \frac{L}{C} = 2\,\frac{L}{C} \quad \Rightarrow \quad R = \sqrt{\frac{L}{C}} \tag{172}$$

Dann gilt:

$$Z_a = R \quad , \quad R_a = R \quad , \quad X_a = 0 \quad .$$

Die Schaltung Abb.48b) weist die folgende komplexe Impedanz auf:

$$\underline{Z}_b = \frac{(R + j\omega L)(R + \frac{1}{j\omega C})}{2R + j(\omega L - \frac{1}{\omega C})} = R\,\frac{R + j(\omega L - \frac{1}{\omega C}) + \frac{L}{CR}}{2R + j(\omega L - \frac{1}{\omega C})} \quad .$$

Die Bedingung, daß Zähler und Nenner gleich groß sind, führt zu:

$$R + \frac{L}{CR} = 2R \quad \Rightarrow \quad R = \sqrt{\frac{L}{C}} \tag{173}$$

also genau wie bei der Schaltung Abb.48a). Auch hier gilt dann:

$$Z_b = R \quad , \quad R_b = R \quad , \quad X_b = 0.$$

4.5 Schwingkreise

Im folgenden soll das Zusammenwirken von Induktivität L und Kapazität C näher betrachtet werden, zunächst in Schaltungen ohne Wirkwiderstände (verlustlos) und anschließend in verlustbehafteten Schaltungen.

4.5.1 Verlustlose Schwingkreise, Resonanz

Die folgende Tabelle 3 stellt die Parallel- und Reihenschaltung einer idealen Induktivität L und eines idealen Kondensators C dar. Die beiden Schaltungen verhalten sich *dual* zueinander.

Für den Blindleitwert $B = 0$ verschwindet in der Parallelschaltung der Strom $\underline{I} = \underline{Y} \cdot \underline{U}$. Der Schaltung wird keine Leistung zugeführt: man kann die Eingangsklemmen von der Quelle lösen. Trotzdem fließt ein Strom, und es wird ständig elektrische Energie in magnetische umgewandelt. Die Energie pendelt zwischen Kapazität C und Induktivität L, daher die Bezeichnung **Schwingkreis**.
Bei der betrachteten, verlustfreien Schaltung ist der Energieaustausch vollständig, ohne jede Beteiligung einer Energiequelle. Man nennt diesen Zustand **Resonanz**.

Analog kann man bei der Reihenschaltung bei $X = 0$ die Eingangsklemmen kurzschließen, da: $\underline{U} = \underline{Z}\,\underline{I} = 0$ ist.
Die beiden Schaltungen sind im Resonanzfall völlig identisch.
Die Resonanz tritt bei derselben

$$\textbf{Kennkreisfrequenz:} \quad \boxed{\omega_0 = \frac{1}{\sqrt{LC}}} \quad (aus \quad \omega_0 C = \frac{1}{\omega_0 L})$$

auf. Die **Kennfrequenz** ist:

$$\boxed{f_0 = \frac{1}{2\pi\sqrt{LC}}} \quad .$$

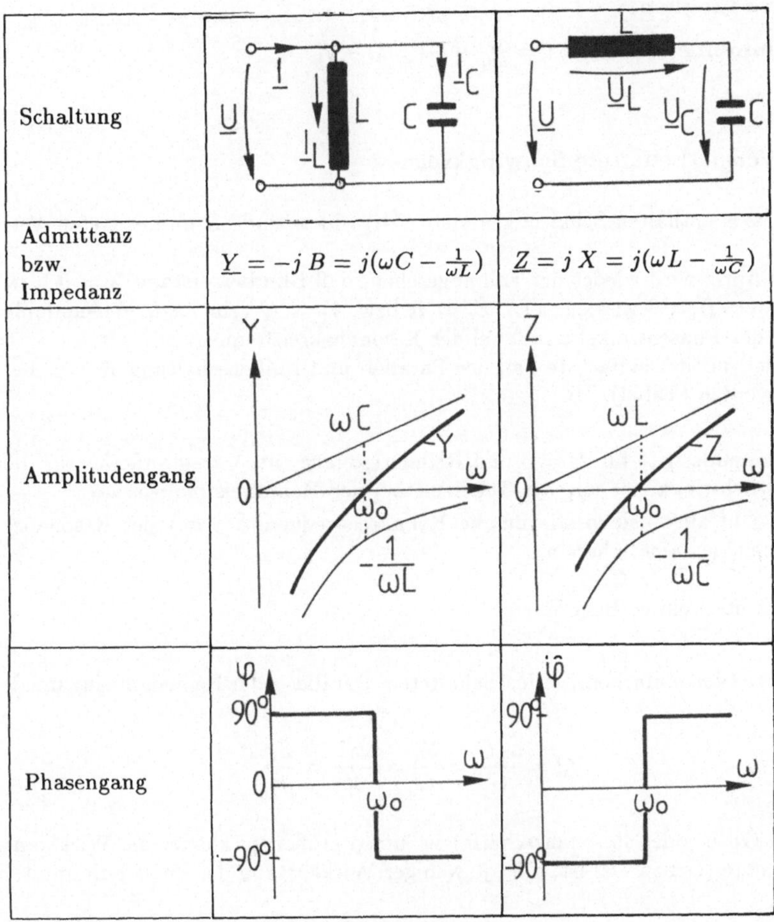

Tabelle 3: Verlustlose Schwingkreise mit L und C

Man führt noch einige Bezeichnungen ein:

Kennleitwert: $\quad Y_0 = \sqrt{\dfrac{C}{L}} = \dfrac{1}{Z_0} = \omega_0 C = \dfrac{1}{\omega_0 L}$

Kennwiderstand: $\quad Z_0 = \sqrt{\dfrac{L}{C}} = \dfrac{1}{Y_0} = \omega_0 L = \dfrac{1}{\omega_0 L}$

Relative Frequenz: $\quad\quad \Omega = \dfrac{\omega}{\omega_0} = \dfrac{f}{f_0}$

Verstimmung: $\quad\quad v = \dfrac{\omega}{\omega_0} - \dfrac{\omega_0}{\omega} = \Omega - \dfrac{1}{\Omega}$.

4.5.2   Verlustbehaftete Schwingkreise

In der Praxis enthalten Schaltungen stets Wirkwiderstände R und es treten Verluste auf.

Als **Resonanz** wird wieder der Fall angesehen, daß Blindwiderstand $X = 0$ bzw. Blindleitwert $B = 0$ werden, also: $Z_r = R$ bzw. $Y_r = G$ rein *reelle* Widerstände sind und der Phasenwinkel $\varphi = 0$ bei der Resonanzkreisfrequenz ω_r ist.
Es soll hier nur der einfachste Fall der Parallel- und Reihenschaltung R, L, C betrachtet werden (Tab. 4).

Parallelresonanz tritt für $B = 0$ und Reihenresonanz für $X = 0$ auf, was für die einfachen Schwingkreise aus der Tabelle 4 bei der Kennkreisfrequenz $\omega_0 = \dfrac{1}{\sqrt{LC}}$ geschieht (im allgemeinen stimmt die Kennkreisfrequenz ω_0 mit der Resonanzkreisfrequenz ω_r *nicht* überein).

Man führt noch einige Begriffe ein:

- **Güte** (von einfachem, verlustbehaftetem Parallel- oder Reihenschwingkreis):

$$Q = \frac{\omega_0 C}{G} = \frac{Y_0}{G} = \frac{\omega_0 L}{R} = \frac{Z_0}{R} \quad .$$

Die Güte (oder Resonanzschärfe) ist umso größer, je kleiner die Wirkkomponente (G bzw. R) ist, d.h., je weniger Wirkleistung der Kreis aufnimmt.

- **Dämpfung**

$$d = \frac{1}{Q} = \frac{G}{Y_0} = \frac{R}{Z_0} \quad .$$

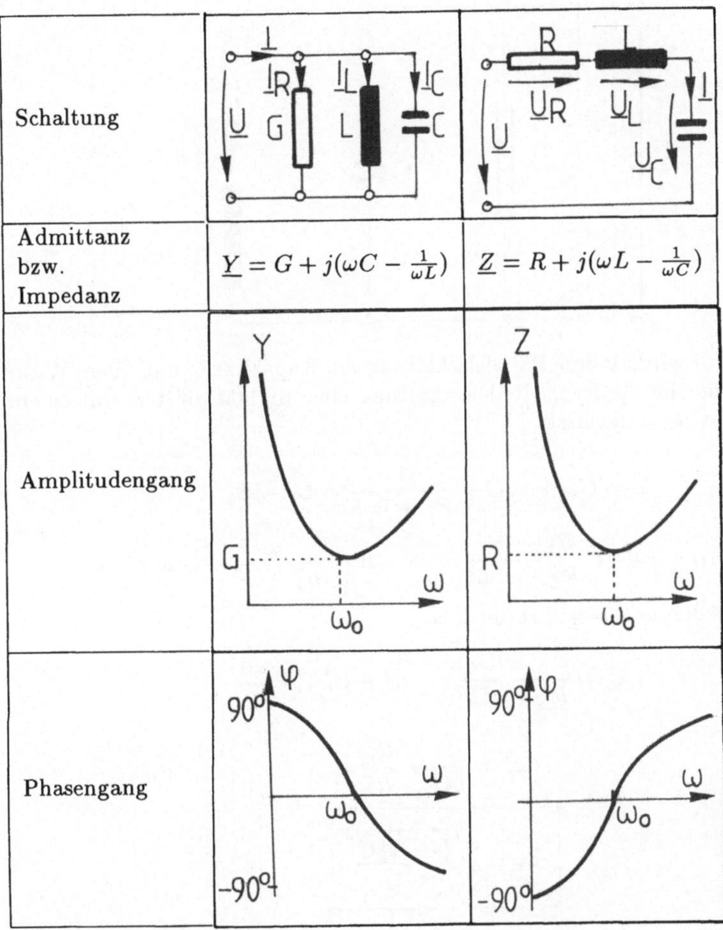

Tabelle 4: Verlustbehaftete Schwingkreise mit L und C

Beispiel 4.14:

Für die Parallelschaltung eines verlustbehafteten Kondensators und einer verlustbehafteten Induktivität (s. Bild) soll die Resonanzkreisfrequenz ω_r bestimmt werden.

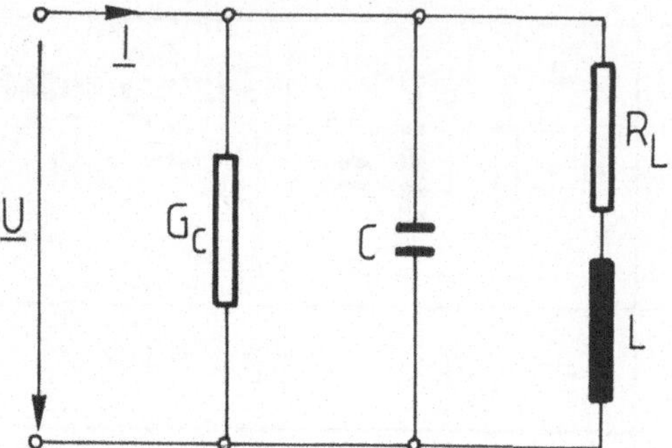

Lösung:

Der Kondensator wird als eine Parallelschaltung von Kapazität C mit einem Wirk-
leitwert G_C und die Spule als Reihenschaltung einer Induktivität L mit einem
Wirkwiderstand R_L aufgefasst.
Es gilt:

$$\underline{Y} = G_C + j\omega C + \frac{1}{R_L + j\omega L} = G - jB$$

$$\underline{Y} = G_C + j\omega C + \frac{R_L - j\omega L}{R_L^2 + \omega^2 L^2} \quad \Rightarrow \quad B = \frac{\omega L}{R_L^2 + \omega^2 L^2} - \omega C \quad .$$

Die Resonanzbedingung $B = 0$ ergibt hier:

$$\omega_r C = \frac{\omega_r L}{R_L^2 + \omega_r^2 L^2} \qquad R_L^2 + \omega_r^2 L^2 = \frac{L}{C}$$

$$\omega_r^2 = \frac{1}{LC} - \frac{R_L^2}{L^2}$$

$$\boxed{\omega_r = \sqrt{\frac{L - R_L^2 C}{L^2 C}}}$$

und mit:

$$\omega_0 = \frac{1}{\sqrt{LC}} \quad und \quad Z_0 = \sqrt{\frac{L}{C}}$$

$$\boxed{\omega_r = \omega_0 \sqrt{1 - \left(\frac{R_L}{Z_0}\right)^2}} \quad .$$

Nur für $R_L \ll Z_0$ wird $\omega_r \approx \omega_0$.

4.6 Aktive Ersatz-Zweipole

4.6.1 Die Sätze von den Ersatzquellen (Thévenin, Norton)

Aus der Gleichstromtechnik ist bekannt, daß ganze Schaltungen oder Teile von Schaltungen, die zwei Ausgangsklemmen A,B aufweisen, durch eine Ersatzspannungs- oder Ersatzstromquelle ersetzt werden können. Auch bei Wechselstrom gelten dieselben Theoreme (Thévenin, Norton), wenn die Schaltung nur lineare Schaltelemente enthält und keine induktive Kopplungen nach außen bestehen.

Eine solche Schaltung kann durch eine **Ersatzspannungsquelle** ersetzt werden, deren Quellenspannung gleich der Leerlaufspannung $\underline{U}_{AB0}$ der Schaltung an den Klemmen A-B und deren Innenimpedanz $\underline{Z}_i$ gleich der Impedanz der passiven Schaltung (ohne Quellen) $\underline{Z}_{AB0}$ ist (siehe Abb. 49).

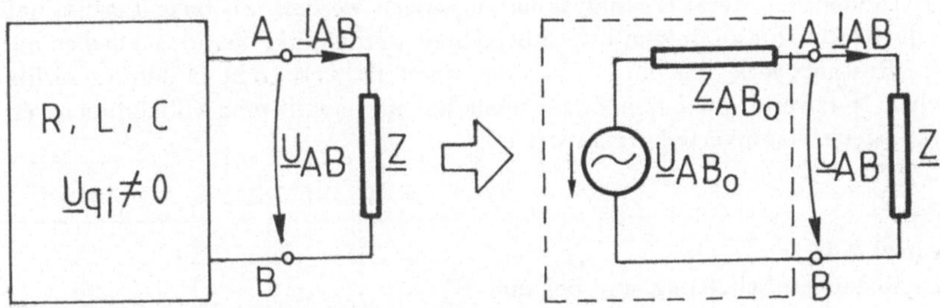

Abbildung 49: Aktiver Zweipol und Ersatzspannungsquelle

Daraus ergibt sich der als Thévenin-Theorem oder Theorem der Ersatzspannungsquelle bekannte Satz, mit dem die Stromstärke $\underline{I}_{AB}$ in einem beliebigen passiven Zweig eines Netzwerkes mit der Impedanz $\underline{Z}$ berechnet werden kann:

$$\boxed{\underline{I}_{AB} = \frac{\underline{U}_{AB0}}{\underline{Z} + \underline{Z}_{AB0}}} \qquad (174)$$

Thévenin-Theorem: In einem linearen Netzwerk ohne induktive Kopplungen nach außen kann die Stromstärke $\underline{I}_{AB}$ in einem beliebigen passiven Zweig so berechnet werden, daß der Zweig aus dem Netzwerk *herausgezogen* wird und das somit entstehende Restnetzwerk durch eine Ersatzspannungsquelle ersetzt wird. Die Quellenspannung der Ersatzquelle ist gleich der Leerlaufspannung $\underline{U}_{AB0}$ des Restnetzwerks nach Entfernen des herausgezogenen Zweiges. Die Innenimpedanz der Quelle $\underline{Z}_{AB0}$ kann als Eingangsimpedanz des Restnetzwerkes errechnet werden, wenn alle Quellen des Restnetzwerkes unwirksam gemacht werden (die Spannungsquellen kurzgeschlossen und die Stromquellen unterbrochen, wobei die Innenimpedanzen in der Schaltung bleiben).

Bemerkungen:

- Die Ersatzquellen werden vorteilhaft eingesetzt, wenn nur ein einzelner Zweigstrom oder eine einzelne Zweigspannung berechnet werden soll. Das kommt z.B. vor, wenn an den Klemmen A-B einer Schaltung veränderbare Impedanzen angeschlossen werden und ihre Wirkungen untersucht werden sollen. Auch wenn zum Zweck der Leistungsanpassung (s. nächsten Abschnitt) die äußere Impedanz $\underline{Z}_a$ bestimmt werden soll, muß die Schaltung durch eine Ersatzquelle ersetzt werden.

- Bei der Anwendung des Thévenin-Theorems wird eine Schaltung behandelt, die einen Zweig weniger als die ursprüngliche Schaltung aufweist. Das kann, vor allem bei Wechselstrom, zu einer erheblichen Reduzierung des Rechenaufwandes führen.

- Zur Bestimmung der Leerlaufspannung des Restnetzwerkes müssen andere Methoden der Netzwerkanalyse herangezogen werden. Zu beachten ist, daß alle Ströme, die zu diesem Zweck berechnet werden, fiktiv sind; sie fließen nur im Restnetzwerk, das ein Denkmodell darstellt, und nicht in dem tatsächlichen Netzwerk, das einen Zweig mehr hat und somit eine vollkommen verschiedene Stromverteilung aufweist.

Beispiel 4.15:

In der folgenden Schaltung sind bekannt:

$$\underline{Z}_1 = j2\Omega,\, \underline{Z}_2 = j5\Omega,\, \underline{Z}_3 = -j5\Omega,\, \underline{Z}_4 = -j5\Omega,\, \underline{Z}_5 = 3\Omega,\, \underline{Z}_6 = (3 + j5)\Omega.$$

$$\underline{U}_1 = (5 - j9)V,\quad \underline{U}_2 = (3 + j13)V,\quad \underline{U}_3 = (9 + j16)V.$$

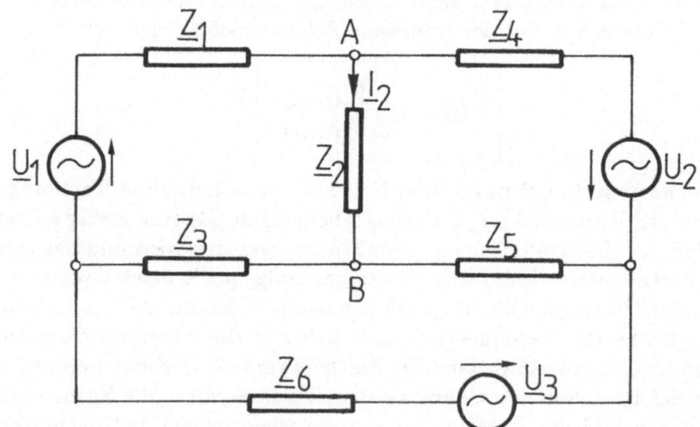

Fortsetzung Beispiel 4.15:
Der Strom $\underline{I}_2$ durch die Impedanz $\underline{Z}_2$ soll mit dem Thévenin-Theorem der Ersatzspannungsquelle bestimmt werden.
Lösung:

$$\underline{I}_2 = \frac{\underline{U}_{AB0}}{\underline{Z}_2 + \underline{Z}_i}$$

Man sucht die Impedanz $\underline{Z}_i$ der passiven Schaltung an den Klemmen A-B, ohne den Zweig $\underline{Z}_2$, bei kurzgeschlossenen Quellen $\underline{U}_1, \underline{U}_2, \underline{U}_3$ (nächstes Bild links).

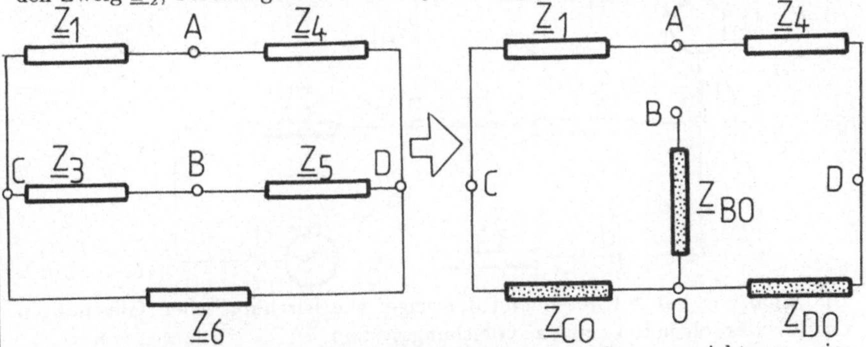

Durch die Umwandlung des Dreiecks CBD in einen Stern erreicht man eine Impedanzanordnung, die direkt zu der gesuchten Impedanz $\underline{Z}_i$ führt:

$$\underline{Z}_i = \underline{Z}_{B0} + (\underline{Z}_1 + \underline{Z}_{C0}) \parallel (\underline{Z}_4 + \underline{Z}_{D0}) = \underline{Z}_{B0} + \underline{Z}_{AC0} \parallel \underline{Z}_{AD0}.$$

Mit den Umwandlungsformeln (152) für die neuen Sternimpedanzen erreicht man:

$$\underline{Z}_{C0} = \frac{-5j(3+5j)}{6}\Omega = \left(\frac{25}{6} - j\frac{5}{2}\right)\Omega$$

$$\underline{Z}_{D0} = \frac{3(3+5j)}{6}\Omega = \left(\frac{3}{2} + j\frac{5}{2}\right)\Omega$$

$$\underline{Z}_{B0} = \frac{-15j}{6}\Omega = \left(-j\frac{5}{2}\right)\Omega$$

$$\underline{Z}_{AC0} = (2j + \frac{25}{6} - j\frac{5}{2})\Omega = (\frac{25}{6} - j\frac{1}{2})\Omega$$

$$\underline{Z}_{AD0} = (-j5 + \frac{3}{2} + j\frac{5}{2})\Omega = (\frac{3}{2} - j\frac{5}{2})\Omega$$

$$\underline{Z}_i = -j\frac{5}{2}\Omega + \frac{5 - j11,1\tilde{6}}{5,\tilde{6} - j3} = \boxed{(1,5 - 3,674j)\Omega}\ .$$

Fortsetzung Beispiel 4.15:

Zur Berechnung der Leerlaufspannung $\underline{U}_{AB0}$ der Schaltung ohne den Zweig $\underline{Z}_2$ muß man die Ströme $\underline{I}_1'$ durch die Impedanzen $\underline{Z}_1$ und $\underline{Z}_4$ und $\underline{I}_3'$ durch die Impedanzen $\underline{Z}_3$ und $\underline{Z}_5$ bestimmen (siehe nächstes Bild). Die gesuchte Spannung ergibt sich als:

$$\underline{U}_{AB0} = \underline{Z}_1 \cdot \underline{I}_1' + \underline{Z}_3 \cdot \underline{I}_3' - \underline{U}_1 \,.$$

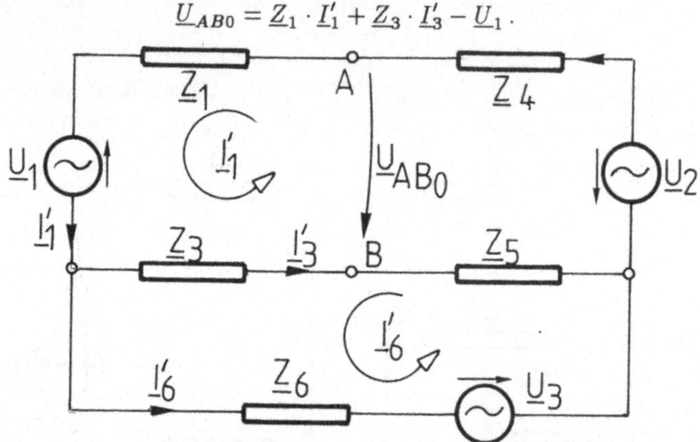

Die Schaltung hat 2 Knoten und 3 Zweige. Die Kirchhoff'schen Gleichungen ergeben das folgende komplexe Gleichungssystem:

$$\underline{I}_1' = \underline{I}_3' + \underline{I}_6'$$

$$\underline{I}_1'(\underline{Z}_1 + \underline{Z}_4) + \underline{I}_3'(\underline{Z}_3 + \underline{Z}_5) = \underline{U}_1 + \underline{U}_2$$

$$\underline{I}_3'(\underline{Z}_3 + \underline{Z}_5) - \underline{I}_6'\underline{Z}_6 = \underline{U}_3$$

Setzt man $\underline{I}_1'$ aus der ersten Gleichung in die anderen beiden ein, so ergibt sich für die Ströme $\underline{I}_3'$ und $\underline{I}_6'$:

$$\underline{I}_3' = (0,89 + j1,205)A$$

$$\underline{I}_6' = (2,5 + j1,44)A$$

und schließlich:

$$\underline{I}_1' = (-1,61 - j0,235)A \quad .$$

Für die Leerlaufspannung $\underline{U}_{AB0}$ ergibt sich damit:

$$\underline{U}_{AB0} = j \cdot 2\underline{I}_1' - j \cdot 5\underline{I}_3' - (5 - j9) = (1,495 - j1,33)V \quad .$$

Der gesuchte Strom durch die Impedanz $\underline{Z}_2$ wird:

$$\underline{I}_2 = \frac{1,495 + j1,33}{1,5 - j3,674 + 5j} = \boxed{1A} \quad .$$

Beispiel 4.16:

In der folgenden Schaltung soll der Strom $\underline{I}_3$ mit dem Theorem der Ersatzspannungsquelle (Thévenin) ermittelt werden.

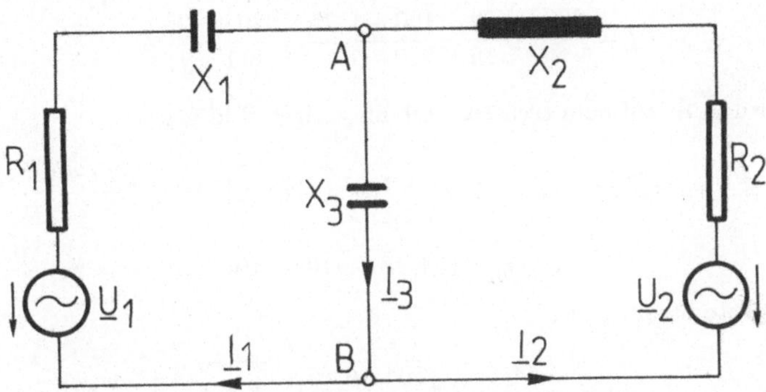

Bekannt sind: $R_1 = 5\Omega$, $X_1 = -20\Omega$, $X_2 = 5\Omega$, $R_2 = 10\Omega$, $X_3 = -20\Omega$,
$\underline{U}_1 = (200 - j50)V$, $\underline{U}_2 = (100 - j175)V$.

Lösung:
Thévenin-Theorem:

$$\underline{I}_3 = \frac{\underline{U}_{AB0}}{\underline{Z}_i + \underline{Z}_3}.$$

Die Impedanz $\underline{Z}_i$ der Schaltung ohne den Zweig 3 (s. Bild a) ergibt sich direkt als:

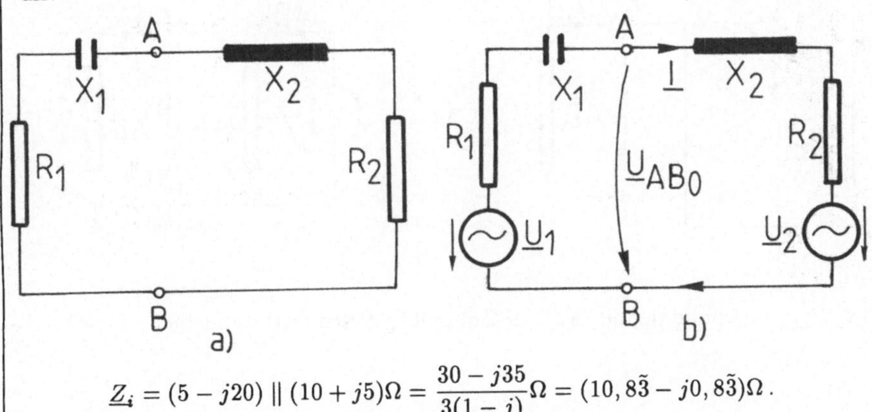

$$\underline{Z}_i = (5 - j20) \parallel (10 + j5)\Omega = \frac{30 - j35}{3(1 - j)}\Omega = (10,8\tilde{3} - j0,8\tilde{3})\Omega.$$

Fortsetzung Beispiel 4.16:

Zur Berechnung der Leerlaufspannung $\underline{U}_{AB0}$ muß man in der Schaltung ohne den Zweig 3 (s. Bild vorige Seite, b) den Strom $\underline{I}$ ermitteln.

$$\underline{I} = \frac{200 - j50 - 100 + j175}{15 - j15} = \frac{20 + j25}{3(1 - j)} A \; .$$

Jetzt wird (z.B. auf dem rechten Umlauf, voriges Bild, b):

$$\underline{U}_{AB0} = \underline{U}_2 - (R_2 + jX_2)\underline{I} = 100 - j175 - (10 + 5j)\frac{20 + j25}{3(1 - j)}$$

$$\underline{U}_{AB0} = (54, 1\tilde{6} - j104, 1\tilde{6})V \; .$$

Der gesuchte Strom $\underline{I}_3$ ist:

$$\underline{I}_3 = \frac{54, 1\tilde{6} - j104, 1\tilde{6}}{10, 8\tilde{3} - j(0, 8\tilde{3} + 20)} A = \boxed{5A} \quad .$$

Eine linerare Schaltung ohne magnetische Kopplung nach außen kann auch durch eine **Ersatzstromquelle** ersetzt werden, deren Quellenstrom der Kurzschlußstrom der Schaltung an den Klemmen A-B: $\underline{I}_{ABk}$ und deren Innenadmittanz $\underline{Y}_i$ gleich der Admittanz der passiven Schaltung (ohne Quellen) $\underline{Y}_{AB0}$ ist.

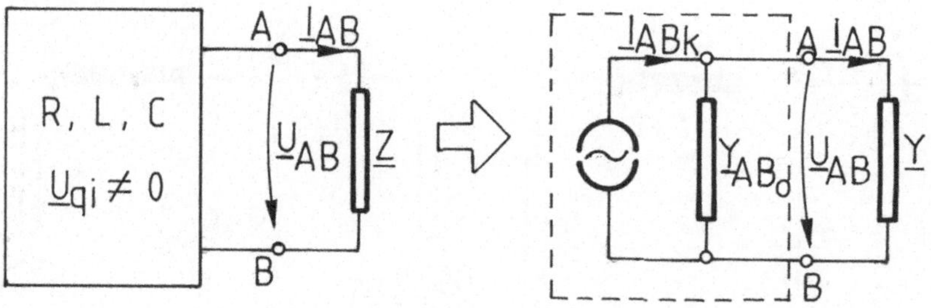

Abbildung 50: Aktiver Zweipol und Ersatzstromquelle

Daraus ergibt sich:

Theorem der Ersatzstromquelle (Norton):

$$\underline{U}_{AB} = \frac{\underline{I}_{ABk}}{\underline{Y} + \underline{Y}_{AB0}} \qquad (175)$$

In einem linearen Netz ohne induktive Kopplungen nach außen kann die Spannung $\underline{U}_{AB}$ an einem beliebigen passiven Zweig A-B so berechnet werden, daß der Zweig aus dem Netzwerk herausgezogen wird und das somit entstehende Restnetzwerk durch eine Ersatzstromquelle ersetzt wird. Der Quellenstrom der Ersatzquelle ist gleich dem Kurzschlußstrom, der bei Kurzschließen der Klemmen A-B fließt. Die Innenadmittanz der Quelle $\underline{Y}_{AB0}$ kann als Eingangsadmittanz des Restnetzwerkes errechnet werden, wenn alle Quellen des Restnetzwerkes unwirksam gemacht werden (die Spannungsquellen kurzgeschlossen und die Stromquellen unterbrochen, wobei die Innenimpedanzen wirksam bleiben).
Damit ist:

$$\underline{Y}_{AB0} = \frac{1}{\underline{Z}_{AB0}} \; .$$

Bemerkungen:

- Der Kurzschlußstrom der Restschaltung kann mit dem Thévenin-Theorem bestimmt werden, wenn $\underline{Z} = 0$ eingesetzt wird:

$$\underline{I}_{ABk} = \frac{\underline{U}_{AB0}}{\underline{Z}_{AB0}} = \underline{U}_{AB0} \cdot \underline{Y}_{AB0} \qquad (176)$$

Diese Beziehung zwischen den 3 Parameter der Ersatzquellen zeigt, daß nur zwei von ihnen ausreichen, um die Ersatzschaltungen aufzustellen.

- Das Norton-Theorem wird vorzugsweise dann angewendet, wenn $Y_{AB0} \ll Y$ ist (z.B. bei elektronischen Schaltungen).

- Ersatzstrom- und Ersatzspannungsquelle verhalten sich *dual*, d.h. alle Gleichungen der zweiten ergeben sich aus den ersten, wenn man $\underline{U}$ und $\underline{I}$ sowie $\underline{Z}$ und $\underline{Y}$ gegeneinander vertauscht.

Beispiel 4.17:

In der folgenden Schaltung soll die Spannung $\underline{U}_5$ an der Impedanz $\underline{Z}_5$ mit dem Theorem der Ersatzstromquelle bestimmt werden.

Hinweis: Zunächst soll die Spannungsquelle in eine Stromquelle umgewandelt werden.

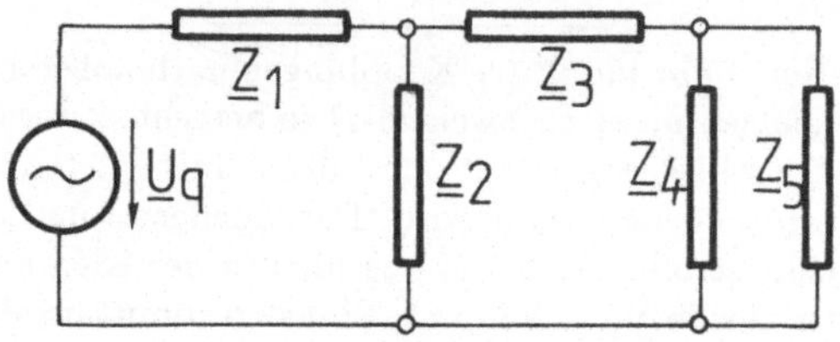

Lösung:

Durch Umwandlung der Spannungsquelle ergibt sich eine Stromquelle mit

$$\underline{I}_q = \frac{\underline{U}_q}{\underline{Z}_1}$$ und die folgende Schaltung:

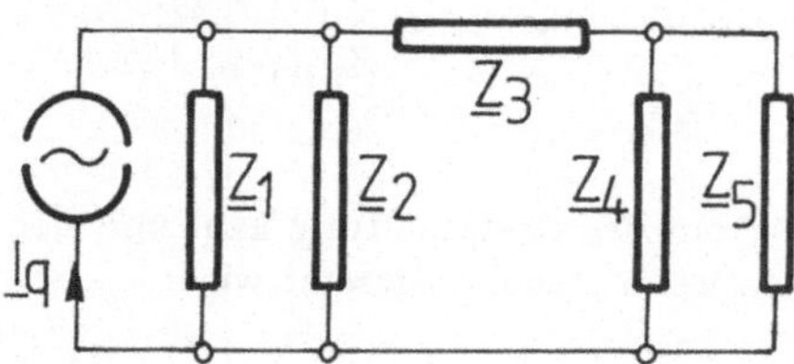

Der Kurzschlußstrom kann mit sehr geringem Rechenaufwand bestimmt werden (s. nächstes Bild, links):

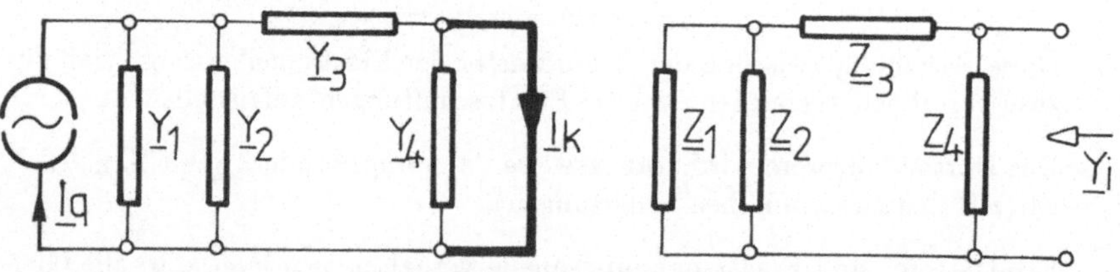

Da die Admittanz $\underline{Y}_4$ kurzgeschlossen ist, bleiben drei parallel geschaltete Admittanzen $\underline{Y}_1$, $\underline{Y}_2$ und $\underline{Y}_3$ wirksam und der gesuchte Kurzschlußstrom ergibt sich direkt mit der Stromteilerregel:

$$\underline{I}_k = \underline{I}_q \frac{\underline{Y}_3}{\underline{Y}_1 + \underline{Y}_2 + \underline{Y}_3} = \frac{\underline{U}_q \cdot \underline{Z}_2}{\underline{Z}_1 \cdot \underline{Z}_2 + \underline{Z}_2 \cdot \underline{Z}_3 + \underline{Z}_3 \cdot \underline{Z}_1}.$$

Die Innenadmittanz $\underline{Y}_i$ der Ersatzstromquelle ist (s. Bild oben rechts):

Fortsetzung Beispiel 4.17:

$$\underline{Y}_i = \frac{1}{\underline{Z}_4} + \frac{1}{\underline{Z}_3 + \frac{\underline{Z}_1 \cdot \underline{Z}_2}{\underline{Z}_1 + \underline{Z}_2}} = \frac{1}{\underline{Z}_4} + \frac{\underline{Z}_1 + \underline{Z}_2}{\underline{Z}_1 \cdot \underline{Z}_2 + \underline{Z}_2 \cdot \underline{Z}_3 + \underline{Z}_3 \cdot \underline{Z}_1}$$

$$\underline{Y}_i = \frac{\underline{Z}_1 \cdot \underline{Z}_2 + \underline{Z}_2 \cdot \underline{Z}_3 + \underline{Z}_3 \cdot \underline{Z}_1 + \underline{Z}_4(\underline{Z}_1 + \underline{Z}_2)}{\underline{Z}_4(\underline{Z}_1 \cdot \underline{Z}_2 + \underline{Z}_2 \cdot \underline{Z}_3 + \underline{Z}_3 \cdot \underline{Z}_1)}$$

Nach dem Norton-Theorem ist:

$$\underline{U}_5 = \frac{\underline{I}_k}{\underline{Y}_i + \underline{Y}_5},$$

also:

$$\underline{U}_5 = \frac{\underline{Z}_2 \cdot \underline{Z}_4 \cdot \underline{Z}_5}{(\underline{Z}_4 + \underline{Z}_5)(\underline{Z}_1 \cdot \underline{Z}_2 + \underline{Z}_2 \cdot \underline{Z}_3 + \underline{Z}_3 \cdot \underline{Z}_1) + \underline{Z}_4 \cdot \underline{Z}_5(\underline{Z}_1 + \underline{Z}_2)} \underline{U}_q.$$

4.6.2 Leistungsanpassung bei Wechselstrom

Sei es eine Zweipolquelle der Quellenspannung $\underline{U}_q$ mit der Innenimpedanz $\underline{Z}_i = R_i + jX_i = Z_i \cdot e^{j\varphi_i}$ und $\underline{Z}_a = R_a + jX_a = Z_a \cdot e^{j\varphi_a}$ ein angeschlossener Verbraucher.

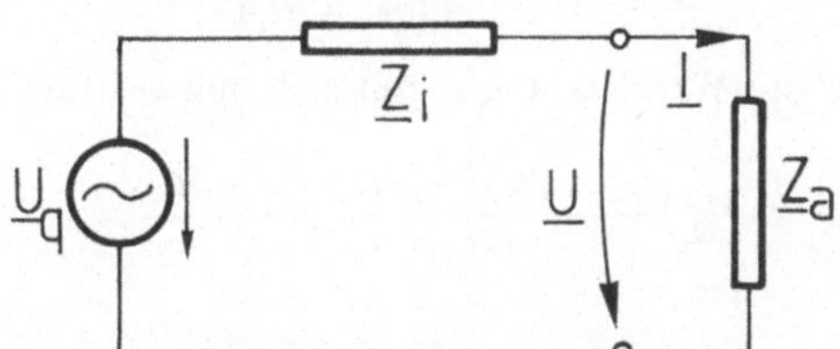

Abbildung 51: Zweipolquelle und Verbraucherimpedanz $\underline{Z}_a$

In der Nachrichtentechnik ist es von Bedeutung, den komplexen Widerstand $\underline{Z}_a$ so anzupassen, daß er von der Quelle die größtmögliche Wirkleistung aufnimmt. Diese Leistung ist

$$P = R_a I^2$$

mit

$$\underline{I} = \frac{\underline{U}_q}{\underline{Z}_a + \underline{Z}_i} = \frac{\underline{U}_q}{(R_i + R_a) + j(X_i + X_a)} \tag{177}$$

Da $I^2 = \underline{I} \cdot \underline{I}^*$ ist, und:

$$\underline{I}^* = \frac{\underline{U}_q^*}{(R_i + R_a) - j(X_i + X_a)}$$

ergibt sich für die Wirkleistung P:

$$P = U_q^2 \frac{R_a}{(R_a + R_i)^2 + (X_a + X_i)^2} \; . \tag{178}$$

Hier sind die Parameter U_q, R_i und X_i der Quelle meistens vorgegeben und man sucht die Parameter R_a, und X_a des Verbrauchers, für die die Wirkleistung P ein Maximum hat. Dazu müßte man die partiellen Ableitungen der Funktion $P(R_a, X_a)$ nach R_a und X_a bilden und gleich Null setzen.

Noch einfacher führen zu dem Ergebnis die folgenden Überlegungen: Hält man den Widerstand R_a konstant und läßt man den Blindwiderstand X_a variieren, so erreicht die Funktion (178) ihr Maximum, wenn der Nenner sein Minimum hat, also für:

$$\boxed{X_a = -X_i} \; . \tag{179}$$

Unter dieser Bedingung wird dem Verbraucher die folgende Wirkleistung übertragen:

$$P\big|_{X_a = -X_i} = U_q^2 \frac{R_a}{(R_a + R_i)^2} \; . \tag{180}$$

Die maximal übertragbare Wirkleistung ergibt sich aus der Bedingung:

$$\frac{dP_a}{dR_a} = U_q^2 \frac{(R_a + R_i)^2 - 2R_a(R_a + R_i)}{(R_a + R_i)^4} = 0$$

also für

$$\boxed{R_a = R_i} \; . \tag{181}$$

Die zwei erzielten Bedingungen für die „Leistungsanpassung" kann man zusammen als:

$$\boxed{\underline{Z}_a = \underline{Z}_i^*} \tag{182}$$

oder:

$$Z_a = Z_i^* \quad \text{und} \quad \varphi_a = \varphi_i \tag{183}$$

schreiben. Bei Leistungsanpassung wird dem Verbraucher $\underline{Z}_a$ die maximale Wirkleistung

$$P_{max} = \frac{U_q^2}{4R_i} \tag{184}$$

übertragen (aus Gl. (178)), während die Quelle die Leistung:

$$P_g\big|_{P_{max}} = (R_i + R_a)I^2 = 2P_{max} = \frac{U_q^2}{2R_i} \tag{185}$$

erzeugt. Daraus ergibt sich für den Wirkungsgrad der Leistungsübertragung:

$$\eta = \frac{P}{P_g} = \frac{R_a}{R_a + R_i}$$

und bei der Leistungsanpassung:

$$\eta\big|_{R_a=R_i} = 0,5\,. \tag{186}$$

In der Energietechnik wäre ein solcher Wirkungsgrad der Energieübertragung nicht vertretbar, da es hier im Gegensatz zu der Nachrichtentechnik darauf ankommt, die Energieverluste möglichst klein zu halten. Während in der Nachrichtentechnik im allgemeinen kleine Leistungen auftreten und dem Verbraucher die größtmögliche Leistung von der Quelle übertragen werden sollte, soll in der Energietechnik dem Verbraucher eine bestimmte, von ihm verlangte Leistung bei vorgegebener Spannung geliefert werden. Dafür muß der Innenwiderstand der Quelle viel kleiner als der des Verbrauchers sein ($R_i \ll R_a$).

4.7 Analyse von Sinusstromnetzwerken

4.7.1 Unmittelbare Anwendung der Kirchhoffschen Sätze

Elektrische Netzwerke bestehen aus Zweigen (z), die an den Knotenpunkten (k) zusammenhängen und so Maschen bilden.

In einem **Knoten** treffen mindestens drei Verbindungsleitungen zusammen. Sind Knoten miteinander verbunden, ohne daß zwischen ihnen ein Zweipol zwischengeschaltet ist, so werden sie als *ein* Knotenpunkt bewertet, mit einer Ausnahme: daß gerade der Strom in dieser Verbindungsleitung gesucht wird; dann wird dieser Verbindung eine Impedanz $Z = 0$ zugeordnet und sie wird als Zweig bewertet.

Ein **Zweig** verbindet zwei Knoten miteinander durch beliebige Schaltelemente, die alle von demselben Strom durchflossen werden.

Unter **Masche** versteht man in der Netzwerkanalyse einen in sich geschlossenen Kettenzug von Zweigen und Knoten.
Bemerkung: Der 2. Kirchhoffsche Satz über die Summe der Teilspannungen in einem geschlossenen Umlauf (Gleichung (137), Abschn. 4.1) gilt auf *jedem beliebigen* geschlossenen Umlauf, auch wenn Teile davon durch die Luft verlaufen. Dieser Satz ist nämlich eine Konsequenz des Induktionsgesetzes, eines der Maxwell'schen Gleichungen, das besagt, daß auf jedem denkbaren geschlossenen Umlauf, der durch Körper oder auch Luft verlaufen kann, die Summe der Teilspannungen stets Null

ist, solange innerhalb des Umlaufes kein zeitlich veränderliches Magnetfeld vorhanden ist.

Für die Netzwerkanalyse gilt jedoch als *Masche* nur ein geschlossener Kettenzug von Zweigen und Knoten.

Die Hauptaufgabe der Netzwerkanalyse ist die Bestimmung aller Spannungen und Ströme in einer Schaltung, wobei auch andere Aufgaben auftreten können, z.B. die Bestimmung einzelner Ströme oder Spannungen, der Verbraucher-Impedanz bei der Leistungsanpassung u.v.a.
Hat das Netzwerk z Zweige, so sind $2z$ Unbekannte zu bestimmen. Berücksichtigt man jedoch das Ohmsche Gesetz: $\underline{U} = \underline{Z} \cdot \underline{I}$, bleiben lediglich z Ströme oder z Spannungen zu bestimmen.

Die z Unbekannten können grundsätzlich in jedem Sinusstromnetzwerk durch Anwendung der zwei Kirchhoffschen Sätze bestimmt werden, wie im Abschn. 4.1 gezeigt wurde. Hier sollen kurz einige **Regeln** angegeben werden, die zur Vermeidung von Fehlern helfen sollen:

1. Zunächst soll für die Schaltung ein ubersichtliches *Ersatzschaltbild* mit allen Schaltelementen *skizziert* werden.

2. Alle Spannungs- (oder Strom-)quellen werden durchnumeriert und mit *Zählpfeilen* versehen.

3. In alle Zweige werden *Zählpfeile für die Ströme* eingezeichnet.
   Selbstverständlich sind alle Spannungen und Ströme Sinusgrößen, die ihre Richtung und Größe periodisch ändern. Trotzdem muß festgelegt werden, in welcher Richtung Strom i und Spannung u in einem bestimmten Augenblick *positiv gezählt* werden, sonst kann man die Gesetze nicht anwenden.

4. Jetzt kann man in *(k-1) Knoten* die Summe der komplexen Ströme gleich Null setzen. Ein Knoten muß ohne Gleichung bleiben! Man zählt dabei entweder *alle* hineinfießenden oder *alle* herausfließenden Ströme als positiv.

5. Der 2. Satz von Kirchhoff wird in *m = z − k + 1 Maschen* angewendet. Die Wahl der Maschen steht frei. In jeder Masche wird ein *Umlaufsinn* gewählt, der innerhalb der Masche beibehalten wird. Quellenspannungen $\underline{U}_{q\mu}$ und Spannungsabfälle $\underline{U}_\mu = \underline{Z}_\mu \cdot \underline{I}_\mu$, deren Zählpfeile dem als positiv gewählten Umlaufsinn folgen, werden mit positivem Vorzeichen behaftet, die anderen mit negativem.

6. Das aufgestellte lineare Gleichungssystem mit z *komplexen* Gleichungen muß aufgelöst werden. Jede komplexe Gleichung liefert zwei reelle Gleichungen, da sowohl die Real- als auch die Imaginärteile gleich sind. Somit bestimmt man die z komplexen Ströme mit ihren Effektivwerten und Nullphasenwinkeln.

Obwohl die Kirchhoffschen Sätze, zusammen mit dem Ohmschen Gesetz, immer zu den unbekannten Strömen und Spannungen führen, werden bei Sinusstromnetzwerken, wie bei Gleichstrom, meist andere Verfahren zur Netzwerkanalyse angewendet, die die Anzahl der zu lösenden Gleichungen entscheidend verringern. Diese Berechnungsverfahren werden in den folgenden Abschnitten beschrieben, wobei sich um eine Übertragung vom Gleichstrom auf Sinusstrom handelt.

4.7.2 Überlagerungssatz

In *linearen* Schaltungen kann man für *lineare* Größen das Überlagerungsgesetz (Superpositionsprinzip) zur Berechnung der Ströme und Spannungen anwenden, was auch bei Wechselstrom oft vorteilhaft ist.

Eine Schaltung ist linear, wenn alle darin enthaltenen Zweipole: Wirkwiderstände R, Induktivitäten L und Kapazitäten C unabhängig von Strom I und Spannung U sind und die Quellen unabhängig von der Last konstante Quellenspannungen U_q oder konstante Quellenströme I_q liefern.

In solchen Schaltungen verhalten sich linear die Spannung U und der Strom I, die nach dem Ohmschen Gesetz in linearen Zweipolen linear voneinander abhängen. Sie können somit überlagert werden; demgegenüber dürfen die Wirkleistungen, die quadratisch (und nicht linear) von I oder U abhängen, *nicht* überlagert werden.

In einem linearen Netzwerk mit mehreren Quellen kann man gemäß dem Überlagerungssatz die Wirkung einzelner Quellen *nacheinander* getrennt betrachten und die resultierende Wirkung durch Überlagerung der Einzelwirkungen finden.

Die Strategie zur Anwendung des Überlagerungssatzes enthält die folgenden Schritte:

1. Alle Quellen bis auf *eine* werden als energiemäßig nicht vorhanden angesehen, d.h.: die Spannungsquellen werden als spannungslos (kurzgeschlossen) und die Stromquellen als stromlos (unterbrochen) betrachtet, während ihre inneren Scheinwiderstände (in Reihe zu den Spannungsquellen) und Scheinleitwerte (parallel zu den Stromquellen) wirksam bleiben.

2. Mit der einzig wirksamen Quelle berechnet man die *Teilströme* in den Zweigen der Schaltung.

3. Man läßt alle n Quellen *nacheinander* wirken und berechnet jedes Mal die Verteilung der Teilströme (also n unterschiedliche Stromverteilungen).

4. Die tatsächlichen Zweigströme werden durch *Überlagerung* der Teilströme, unter Beachtung ihrer Phasenlage, bestimmt.

Der Überlagerungssatz eignet sich zur Berechnung von Schaltungen mit mehreren Quellen, wenn deren Wirkungen - einzeln betrachtet - leicht zu bestimmen sind und auch wenn die Quellen Ströme mit verschiedenen Frequenzen liefern (z.B. Uberlagerungen von Gleich- und Wechselstrom oder von Wechselströmen verschiedener Frequenz).

Bei der Anwendung des Überlagerungsverfahrens muß man nur Netzwerke mit
einem einzigen aktiven Zweig berechnen, d.h.: man muß Gesamtimpedanzen bestimmen und die Stromteilerregel oft benutzen.

Beispiel 4.18:

In der folgenden Schaltung soll der Strom $\underline{I}_3$ mit Hilfe des Überlagerungssatzes
bestimmt werden.

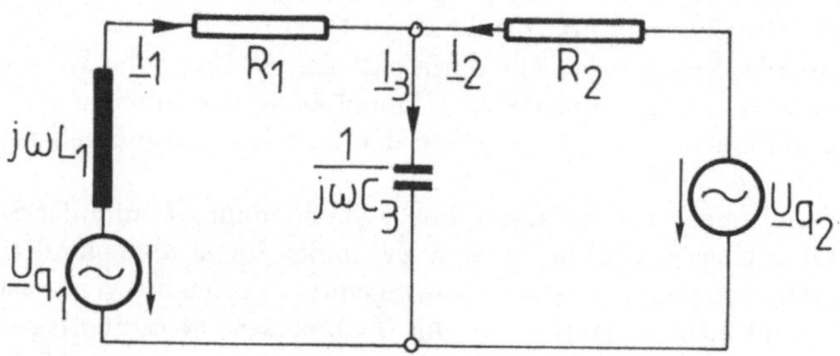

Lösung:

Man läßt zunächst die Quelle 1 allein wirken (s. Bild unten, a).

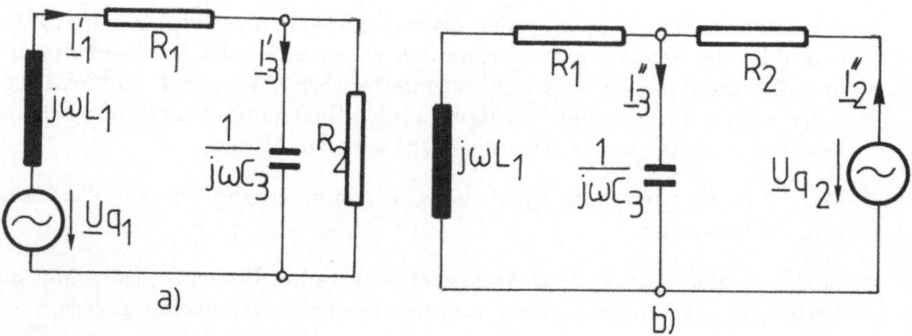

Wenn:

$$\underline{Z}_1 = R_1 + j\omega L_1 \quad , \quad \underline{Z}_2 = R_2 \quad , \quad \underline{Z}_3 = \frac{1}{j\omega C_3}$$

ist, dann gilt für den Teilstrom $\underline{I}_3'$:

$$\underline{I}_3' = \underline{I}_1' \, \frac{\underline{Z}_2}{\underline{Z}_2 + \underline{Z}_3}$$

Fortsetzung Beispiel 4.18:

mit:

$$\underline{I}_1' = \frac{\underline{U}_{q1}}{\underline{Z}_1 + \frac{\underline{Z}_2\,\underline{Z}_3}{\underline{Z}_2+\underline{Z}_3}} = \frac{\underline{U}_{q1}(\underline{Z}_2 + \underline{Z}_3)}{\underline{Z}_1\underline{Z}_2 + \underline{Z}_2\underline{Z}_3 + \underline{Z}_3\underline{Z}_1}$$

$$\underline{I}_3' = \frac{\underline{U}_{q1}\,\underline{Z}_2}{\underline{Z}_1\underline{Z}_2 + \underline{Z}_2\underline{Z}_3 + \underline{Z}_3\underline{Z}_1}\;.$$

Jetzt soll die zweite Quelle allein wirken (s. Bild vorige Seite, b):

$$\underline{I}_3'' = \underline{I}_2'' \,\frac{\underline{Z}_1}{\underline{Z}_1 + \underline{Z}_3}$$

$$\underline{I}_2'' = \frac{\underline{U}_{q2}}{\underline{Z}_2 + \frac{\underline{Z}_1\,\underline{Z}_3}{\underline{Z}_1+\underline{Z}_3}} = \frac{\underline{U}_{q2}(\underline{Z}_1 + \underline{Z}_3)}{\underline{Z}_1\underline{Z}_2 + \underline{Z}_2\underline{Z}_3 + \underline{Z}_3\underline{Z}_1}\;.$$

Der zweite Teilstrom ist somit:

$$\underline{I}_3'' = \frac{\underline{U}_{q2}\,\underline{Z}_1}{\underline{Z}_1\underline{Z}_2 + \underline{Z}_2\underline{Z}_3 + \underline{Z}_3\underline{Z}_1}\;.$$

Die Überlagerung ergibt:

$$\underline{I}_3 = \underline{I}_3' + \underline{I}_3'' = \boxed{\frac{\underline{U}_{q1}\,\underline{Z}_2 + \underline{U}_{q2}\,\underline{Z}_1}{\underline{Z}_1\underline{Z}_2 + \underline{Z}_2\underline{Z}_3 + \underline{Z}_3\underline{Z}_1}}$$

oder, mit den entsprechenden Admittanzen:

$$\underline{I}_3 = \underline{Y}_3 \,\frac{\underline{U}_{q1}\,\underline{Y}_1 + \underline{U}_{q2}\,\underline{Y}_2}{\underline{Y}_1 + \underline{Y}_2 + \underline{Y}_3}\;.$$

Wenn man die Ausdrücke für die drei Impedanzen einsetzt ergibt sich:

$$\underline{I}_3 = \boxed{\frac{\underline{U}_{q1}\,R_2 + \underline{U}_{q2}(R_1 + j\omega L_1)}{R_1 R_2 + \dfrac{L_1}{C_3} + j\left(\omega L_1 R_2 - \dfrac{R_1 + R_2}{\omega C_3}\right)}}\;.$$

Beispiel 4.19:

In der bereits im Beispiel 4.16 behandelten Schaltung (s. Bild) soll der Strom $\underline{I}_3$ jetzt mit dem Überlagerungssatz bestimmt werden.

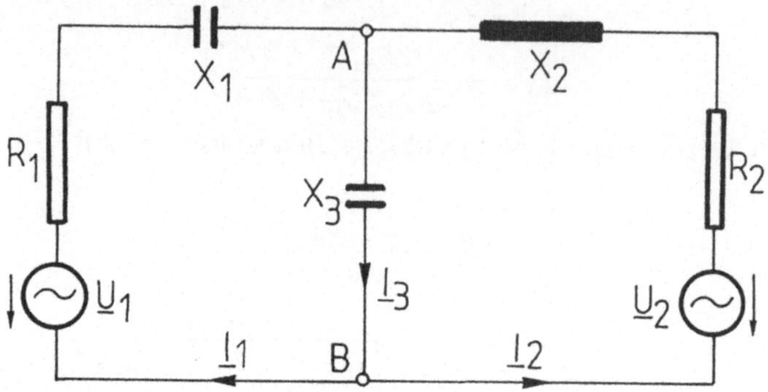

Es gilt: $R_1 = 5\,\Omega$, $X_1 = -20\,\Omega$, $X_2 = 5\,\Omega$, $R_2 = 10\,\Omega$, $X_3 = -20\,\Omega$, $\underline{U}_1 = (200 - j50)V$, $\underline{U}_2 = (100 - j175)V$.

Lösung:

Man macht zunächst die Quelle $\underline{U}_2$ unwirksam und berechnet die von der Quelle $\underline{U}_1$ erzeugte Stromverteilung $\underline{I}_1'$, $\underline{I}_2'$, $\underline{I}_3'$ (Bild links).

Danach wird die Quelle $\underline{U}_1$ unwirksam gemacht und man berechnet eine andere Stromverteilung, die von der Quelle $\underline{U}_2$ allein erzeugt wird: $\underline{I}_1''$, $\underline{I}_2''$, $\underline{I}_3''$ (Bild rechts).

Der gesuchte Strom $\underline{I}_3$ ergibt sich durch Überlagerung:

$$\underline{I}_3 = \underline{I}_3' + \underline{I}_3''.$$

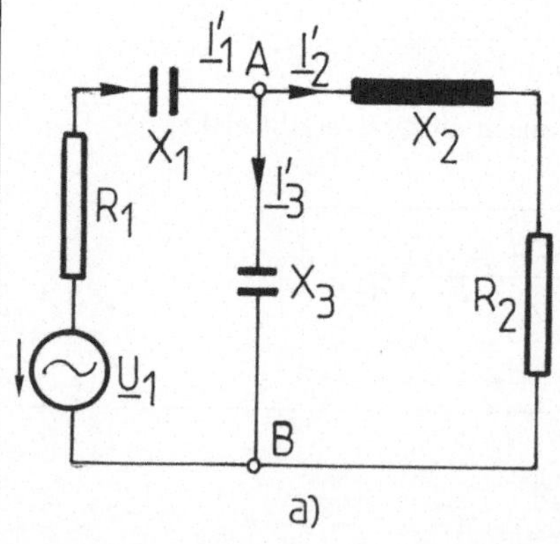

a)

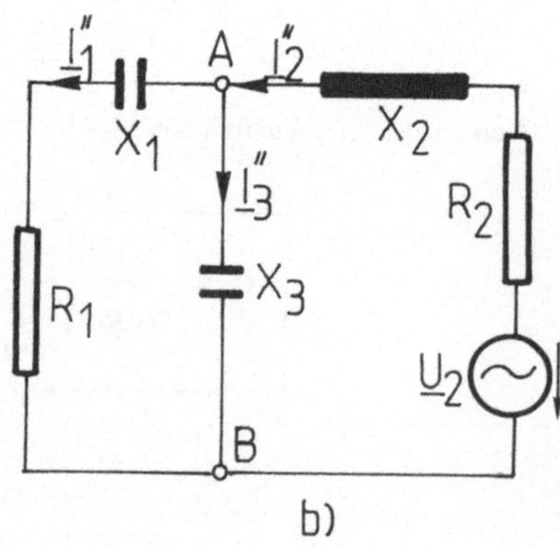

b)

Fortsetzung Beispiel 4.19:

Um den ersten Teilstrom $\underline{I}'_1$ zu bestimmen braucht man die Gesamtimpedanz $\underline{Z}'$, die die Quelle $\underline{U}_1$ „sieht":

$$\underline{Z}' = (5 - j20)\Omega + \frac{(10 + j5)(-j20)}{10 - j15}\Omega = (17,3 - j21,538)\Omega\,.$$

Der Gesamtstrom $\underline{I}'_1$, der von der Quelle $\underline{U}_1$ erzeugt wird, ist (s. Bild links):

$$\underline{I}'_1 = \frac{\underline{U}_1}{\underline{Z}'}$$

und der gesuchte Teilstrom durch den Zweig 3, nach der Stromteilerregel:

$$\underline{I}'_3 = \underline{I}'_1 \frac{10 + j5}{10 - j15}A = \frac{200 - j50}{17,3 - j21,538} \cdot \frac{10 + j5}{10 - j15}A = (-2,318 + j4)A\,.$$

Ähnlich verfährt man auch im zweiten Fall, wenn nur die Quelle $\underline{U}_2$ wirksam ist (Bild rechts).

Die Gesamtimpedanz ist jetzt:

$$\underline{Z}'' = (10 + j5)\Omega - \frac{j20(5 - j20)}{5 - j40}\Omega = (11,23 - j5,15)\Omega\,.$$

Der Gesamtstrom der Quelle $\underline{U}_2$ ist:

$$\underline{I}''_2 = \frac{100 - j175}{\underline{Z}''}A$$

und der gesuchte zweite Teilstrom $\underline{I}''_3$, nach der Stromteilerregel:

$$\underline{I}''_3 = \frac{100 - j175}{11,23 - j5,15} \cdot \frac{5 - j20}{5 - j40}A = (7,32 - j4)A\,.$$

Die Superposition der beiden Teilströme ergibt denselben Strom wie das Thévenin-Theorem (Beispiel 4.16):

$$\underline{I}_3 = \underline{I}'_3 + \underline{I}''_3 = -2,318 + j4 + 7,32 - j4 = \boxed{5A}\,.$$

4.7.3　Maschenstromverfahren

Zur Anwendung der zwei meist eingesetzten Rechenmethoden der Netzwerkanalyse: Maschenstrom- und Knotenpunktpotentialverfahren (Abschn. 4.7.4) werden einige Begriffe der **Topologie** der Netzwerke benötigt, die kurz eingeführt werden sollen.

- Die rein geometrische Anordnung einer Schaltung, die durch eine Skizze der Knoten und der sie verbindenden Zweige (ohne Schaltelemente und Quellen) dargestellt wird, nennt man *Graph*. Die Zweige des Graphs sollen sinnvollerweise durchnumeriert werden. Werden auch die Zählpfeile für die Ströme in den Graph eingetragen, so erhält man einen *gerichteten* Graph, wie auf Abb. 52 c) dargestellt.

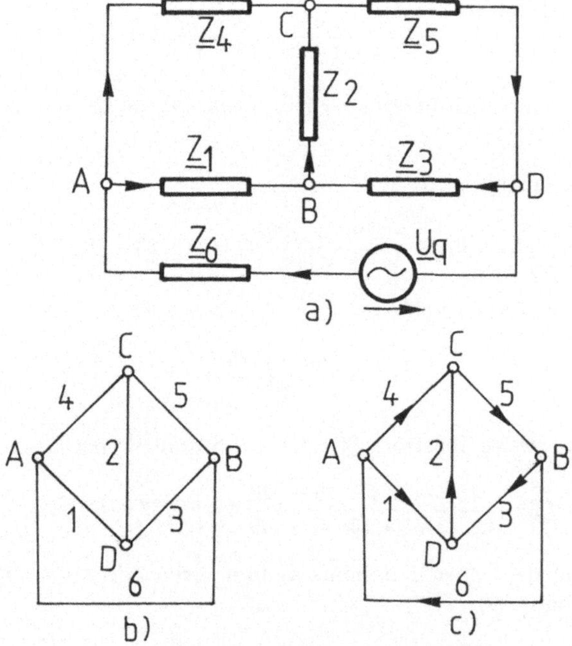

Abbildung 52: Brückenschaltung a), Graph b), und gerichteter Graph c).

- Ein System von Zweigen, das *alle* Knoten miteinander verbindet, *ohne* daß geschlossene Maschen entstehen, nennt man *vollständigen Baum*. Vier mögliche vollständige Bäume für die Schaltung auf Abb. 52 a) sind auf Abb. 53 gezeigt (mit dicker Linie). Weitere 12 Zweigkombinationen würden ebenfalls vollständige Bäume bilden. Die fünfte Konfiguration auf Abb. 53 ist jedoch kein volständiger Baum, weil die 3 Zweige eine Masche bilden.

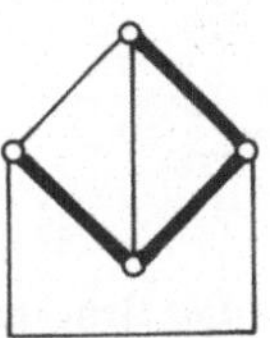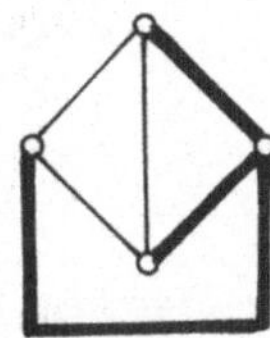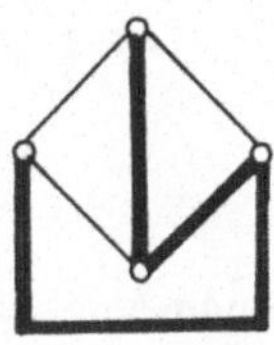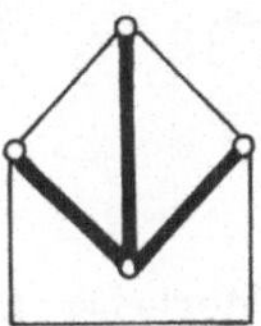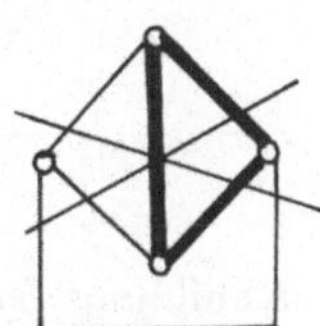

Abbildung 53: Vier mögliche vollständige Bäume für die Brückenschaltung

- Die Zweige des vollständigen Baumes nennt man *Baumzweige*. Ihre Zahl ist $(k - 1)$, was leicht ersichtlich ist: nimmt man den k-ten Zweig dazu, so entsteht eine geschlossene Masche. Jeder Baum der Brückenschaltung (Abb. 52) muß 3 Zweige $(k - 1 = 4 - 1 = 3)$ haben.

- Die restlichen $(z - k + 1)$ Zweige nennt man *Verbindungszweige*. Sie bilden ein System *unabhängiger* Zweige. Mit ihnen kann man m unabhängige Maschen bilden, wie man weiter sehen wird. Die unabhängigen Zweige sind auf Abb. 53 mit dünnen Linien gezeichnet. Ihre Zahl ist hier ebenfalls 3 $(z - k + 1 = 6 - 4 + 1 = 3)$.

Das Maschenstromverfahren geht von einem Denkmodell aus, das zur Reduzierung des Gleichungssystems zur Bestimmung der unbekannten Ströme von z auf $m = z - k + 1$ Gleichungen führt. Die Idee besteht darin, nur die m unabhängigen Ströme, die in den Verbindungszweigen fließen, die sogenannten *Maschenströme*, zu bestimmen. Die restlichen $k - 1$ abhängigen Ströme, die in den Baumzweigen fließen, ergeben sich anschließend durch Überlagerung der Maschenströme.
Daß die Ströme in den Verbindungszweigen die gesamte Stromverteilung eindeutig bestimmen, kann man leicht erkennen: Da der vollständige Baum alle Knoten verbindet, ohne eine Masche zu bilden, wird das Netzwerk stromlos, wenn man alle Verbindungszweige entfernt. Es gibt keine Ströme, die von den Strömen in den Verbindungszweigen unabhängig sind!
Zur Aufstellung des Gleichungssytems für die Maschenströme muß mit jedem Verbindungszweig eine Masche gebildet werden, in der er als einziger unabhängiger Strom vorhanden ist; alle anderen Zweige der Masche müssen folglich Baumzweige sein. Man kann leicht beweisen, daß für jeden vollständigen Baum nur *eine* Möglichkeit der Maschenbildung existiert. Die Wahl des Baumes legt also die Wahl der unabhängigen Maschen fest.
Als Beispiel ist auf Abb. 54 ein vollständiger Baum für die Brückenschaltung (Abb. 52 a)) dargestellt; daneben sind die 3 unabhängigen Maschen, die diesem Baum entsprechen, gezeichnet worden. In jeder Masche ist nur *ein* Verbindungszweig

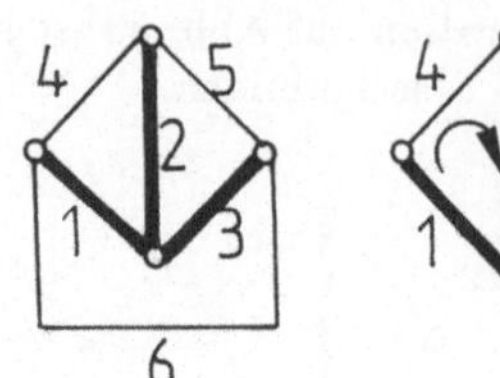

Abbildung 54: Möglicher Baum und unabhängige Maschen für die Brücken-schaltung von Abb. 52 a)

vorhanden. Das Maschenstromverfahren geht davon aus, daß in jeder Masche ein „Maschenstrom" fließt und zwar derjenige, der in dem Verbindungszweig fließt.

Das Gleichungssystem für die Maschenströme kann sofort in Matrizenform geschrieben werden und sieht für die Schaltung auf Abb. 52 a), mit der Baumwahl von Abb. 54, folgendermaßen aus:

$$
\begin{array}{ccc|c}
\underline{I}_4 & \underline{I}_5 & \underline{I}_6 & \\
\hline
\underline{Z}_1 + \underline{Z}_2 + \underline{Z}_4 & -\underline{Z}_2 & \underline{Z}_1 & 0 \\
-\underline{Z}_2 & \underline{Z}_2 + \underline{Z}_3 + \underline{Z}_5 & -\underline{Z}_3 & 0 \\
-\underline{Z}_1 & -\underline{Z}_3 & \underline{Z}_1 + \underline{Z}_3 + \underline{Z}_6 & \underline{U}_q
\end{array}
$$

Die **Impedanzmatrix** (Koeffizientenmatrix) wird nach den folgenden Regeln aufgestellt:

- Die Elemente der *Hauptdiagonalen* enthalten jeweils die Summe sämtlicher Impedanzen in der betreffenden Masche (*Umlaufimpedanz*). Sie erhalten immer *positive* Vorzeichen.

- Die übrigen Elemente (*Kopplungsimpedanzen*) liegen *symmetrisch* zur Hauptdiagonalen. Sie erhalten das positive Vorzeichen, wenn die Zählpfeile für die zwei Maschenströme die sie durchfließen gleichsinnig sind, andernfalls das negative Vorzeichen. Sie können auch gleich Null sein, wenn die zwei betreffenden Maschen nicht „gekoppelt" sind, d.h. keinen gemeinsamen Zweig haben.

- Auf der rechten Seite steht jeweils die *Summe* der komplexen Quellenspannungen in der Masche, mit positivem Vorzeichen, wenn ihr Zählpfeil dem Zählpfeil des Maschenstroms *entgegengerichtet* ist, andernfalls mit negativem Vorzeichen.

Ganz allgemein können die Spannungsgleichungen für das Maschenstromverfahren als die folgende Matrizengleichung geschrieben werden:

$$\begin{vmatrix} \underline{Z}_{11} & \underline{Z}_{12} & \cdots & \underline{Z}_{13} \\ \underline{Z}_{21} & \underline{Z}_{22} & \cdots & \underline{Z}_{23} \\ \vdots & \vdots & & \vdots \\ \underline{Z}_{n1} & \underline{Z}_{n2} & \cdots & \underline{Z}_{n3} \end{vmatrix} \cdot \begin{vmatrix} \underline{I}'_1 \\ \underline{I}'_2 \\ \vdots \\ \underline{I}'_n \end{vmatrix} = \begin{vmatrix} \underline{U}'_{q1} \\ \underline{U}'_{q2} \\ \vdots \\ \underline{U}'_{qn} \end{vmatrix} \tag{187}$$

Hier bedeuten:

- $\underline{I}'_i$ die unbekannten Maschenströme

- $\underline{Z}_{ii}$ die Umlaufimpedanzen, deren Vorzeichen immer positiv genommen wird

- $\underline{Z}_{ij} = \underline{Z}_{ji}$ die Kopplungsimpedanzen, mit positivem oder negativem Vorzeichen

- $\underline{U}'_{qi}$ die Summe der komplexen Quellenspannungen in der Masche i.

Folgende **Regeln** zur Anwendung des Maschenstromverfahrens sind zu beachten:

1. In das Ersatzschaltbild des Netzwerks sollen dir *Zählpfeile* für alle komplexen Quellenspannungen und die durchnumerierten komplexen Zweigströme (diese Zählrichtungen sind frei wählbar) eingetragen werden. Eventuell vorhandene *Stromquellen* sollen in *Spannungsquellen umgewandelt* werden. (Man kann auch mit Stromquellen arbeiten, wenn man sie in Verbindungszweige setzt, so daß ihre Ströme unabhängig sind, doch ist das nicht zu empfehlen).

2. Man betrachtet das Schaltbild und zählt die *Zweige z* und die *Knoten k*.

3. Man bildet mit $(k-1)$ Zweigen einen *vollständigen Baum* und skizziert den entsprechenden Graph. Die Wahl des Baumes ist völlig frei, doch sollte man bei seiner Aufstellung - falls möglich - die folgenden Empfehlungen berücksichtigen:

   - Wenn nur ein Teil der Ströme berechnet werden soll, so sollen diese Ströme unabhängig sein, d.h. in Verbindungszweigen fließen.

   - Die Spannungsquellen sollen möglichst in Verbindungszweigen liegen; dann erscheinen sie nur jeweils ein Mal in den Gleichungen.

4. Jedem unabhängigen Strom entspricht jetzt eine bestimmte *Masche* in der er allein unabhängig ist; alle andere Zweige der Masche sind Baumzweige. Alle diese Maschen sollen skizziert werden, die Nummern der Zweige sollen eingetragen werden und es soll ein Umlaufsinn gewählt werden. Da die unabhängigen Ströme tatsächlich in der Schaltung fließen, kann man ihre als positiv angenommene Zählrichtung als Umlaufsinn annehmen (ist jedoch nicht unbedingt notwendig). Die Maschenströme können ihre urspüngliche Nummer aus der Schaltung beibehalten oder neu numeriert werden (z.B. mit römischen Ziffern oder mit einem ').

5. Das *Gleichungssystem* für die $m = z - k + 1$ Maschenströme wird direkt, nach den angegebenen Vorschriften, in Matrizenform aufgestellt.
Zur Lösung kann man bei bis zu drei komplexen Gleichungen noch die Determinantenrechnung anwenden, darüber hinaus empfiehlt sich die Auflösung in Real- und Imaginärteile, wodurch doppelt so viele reelle Gleichungen entstehen. Digitalrechner lösen das Gleichungssystem auch für umfangreiche Netzwerke. Somit wird die korrekte Aufstellung der Matrizengleichung die eigentliche Aufgabe des Anwenders.

6. Die übrigen $(k - 1)$ *abhängigen* Ströme ergeben sich entweder durch *Überlagerung* der durch ihre Baumzweige fließenden Maschenströme, mit ihren Vorzeichen (als positiv zählt die ursprünglich bei Pkt. 1 gewählte Zählrichtung für den abhängigen Strom) oder durch die Anwendung der *Knotengleichung* in den Knoten der Schaltung. Die bei Pkt. 5 berechneten Maschenströme bestimmen eindeutig alle übrigen Ströme.

7. Die Ergebnisse sollen sinnvollerweise durch Anwendung der Kirchhoffschen Sätze *überprüft* werden.

Die **Vorteile** der Maschenstromanalyse gegenüber der unmittelbaren Anwendung der Kichhoffschen Gleichungen sind die Reduzierung der Anzahl der Gleichungen von z auf $(z - k + 1)$ und die Schematisierung der Lösungsstrategie, die auch komplizierte Netzwerkaufgaben der Lösung mit Digitalrechnern zugänglich macht.

Einige Beispiele sollen die Anwendung dieser Methode ausführlich erläutern.

Beispiel 4.20:

In der folgenden („Poleckschen") Schaltung soll zwischen dem Strom $\underline{I}_2$ und der angelegten Spannung $\underline{U}$ eine Phasenverschiebung von 90° bestehen.

Die dazu von den Schaltelementen L und C zu erfüllende Beziehung ist mit Hilfe des Maschenstromverfahrens zu bestimmen.

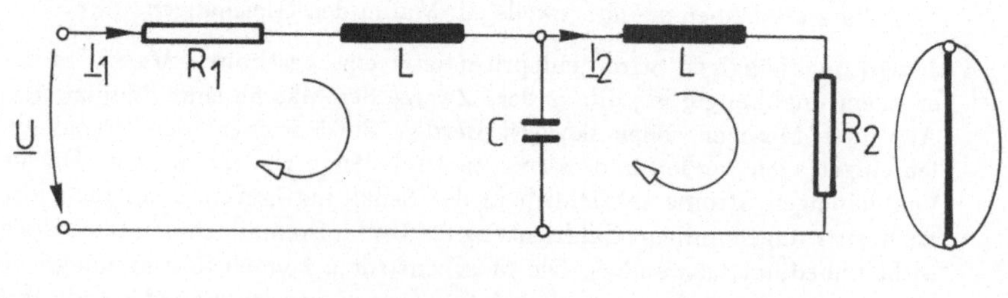

Fortsetzung Beispiel 4.20:

Lösung

Man wählt $\underline{I}_2$ als Maschenstrom. Mit:

$$\underline{Z}_1 = R_1 + j\omega L$$
$$\underline{Z}_2 = R_2 + j\omega L$$
$$\underline{Z}_3 = \frac{1}{j\omega C}$$

ergibt sich das folgende Gleichungssystem für die zwei Maschenströme:

$$
\begin{array}{cc|c}
\underline{I}_1 & \underline{I}_2 & \\
\hline
\underline{Z}_1 + \underline{Z}_3 & -\underline{Z}_3 & \underline{U} \\
-\underline{Z}_3 & \underline{Z}_2 + \underline{Z}_3 & 0
\end{array}
$$

Den Strom $\underline{I}_1$ kann man aus der 2. Gleichung eliminieren:

$$\underline{I}_1 = \underline{I}_2 \frac{\underline{Z}_2 + \underline{Z}_3}{\underline{Z}_3}\ .$$

Aus der 1. Gleichung wird:

$$\underline{I}_2 \frac{(\underline{Z}_2 + \underline{Z}_3)(\underline{Z}_1 + \underline{Z}_3)}{\underline{Z}_3} - \underline{Z}_3 \underline{I}_2 = \underline{U}$$

$$\underline{I}_2 \frac{\underline{Z}_1 \cdot \underline{Z}_2 + \underline{Z}_2 \cdot \underline{Z}_3 + \underline{Z}_3 \cdot \underline{Z}_1}{\underline{Z}_3} = \underline{U}$$

$$\underline{I}_2 (\underline{Z}_1 \cdot \underline{Z}_2 \cdot \underline{Y}_3 + \underline{Z}_1 + \underline{Z}_2) = \underline{U}\ .$$

Mit den Schaltelementen ergibt sich:

$$\underline{I}_2 \left[(R_1 + j\omega L)(R_2 + j\omega L)j\omega C + R_1 + j\omega L + R_2 + j\omega L) \right] = \underline{U}$$

$$\underline{I}_2 \left[(R_1 + R_2) - \omega^2 LC(R_1 + R_2) + j(R_1 R_2 \omega C - \omega^2 L^2 \omega C + 2\omega L) \right] = \underline{U}\ .$$

Damit die Phasenverschiebung zwischen $\underline{I}_2$ und $\underline{U}$ gleich 90° wird, muß der Realteil Null sein:

$$\boxed{\omega^2 LC = 1}\ .$$

Die geforderte Bedingung wird damit:

$$\boxed{\underline{U} = j\underline{I}_2 \left(\frac{R_1 R_2}{\omega L} + \omega L \right)}\ .$$

Beispiel 4.21:

Die drei Zweigströme $\underline{I}_1$, $\underline{I}_2$ und $\underline{I}_3$ in der folgenden Schaltung sollen mit dem Maschenstromverfahren bestimmt werden. Unabhängig sollen dabei die Ströme $\underline{I}_1$ und $\underline{I}_3$ sein.

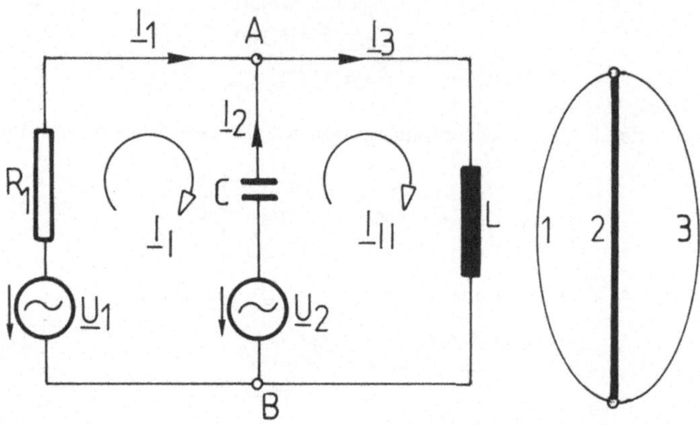

Bekannt sind: $R_1 = 1\Omega$, $X_L = 1\Omega$, $X_C = -1\Omega$, $\underline{U}_1 = 10V$, $\underline{U}_2 = 15V$.

Lösung

Man schreibt das Gleichungssystem für die zwei Maschenströme $\underline{I}_I$ und $\underline{I}_{II}$ (s. Bild) in Matrixform:

$$
\begin{array}{cc|c}
\underline{I}_I & \underline{I}_{II} & \\
\hline
R_1 + jX_C & -jX_C & \underline{U}_1 - \underline{U}_2 \\
-jX_C & jX_L + jX_C & \underline{U}_2
\end{array}
$$

mit Zahlen:

$$
\begin{array}{cc|c}
\underline{I}_I & \underline{I}_{II} & \\
\hline
(1-j)\Omega & j\Omega & -5V \\
j\Omega & 0 & 15V
\end{array}
$$

Die unbekannten Maschenströme ergeben sich als:

$$\underline{I}_I = -j15A, \quad \underline{I}_{II} = (15 - j10)A.$$

Die gesuchten Zweigströme sind:

$$\underline{I}_1 = \underline{I}_I = \boxed{-j15A} \;;\; \underline{I}_2 = \underline{I}_{II} - \underline{I}_I = \boxed{(15 + j5)A} \;;\; \underline{I}_3 = \underline{I}_{II} = \boxed{(15 - j10)A}.$$

Beispiel 4.22:

In der folgenden Schaltung sind bekannt:

$$R_1 = 5\,\Omega\,;\quad X_1 = -20\,\Omega\,;\quad X_2 = 5\,\Omega\,;\quad R_2 = 10\,\Omega\,;\quad X_3 = -20\,\Omega\,.$$

$$\underline{U}_1 = (200 - j50)V\,;\quad \underline{U}_2 = (100 - j175)V\,.$$

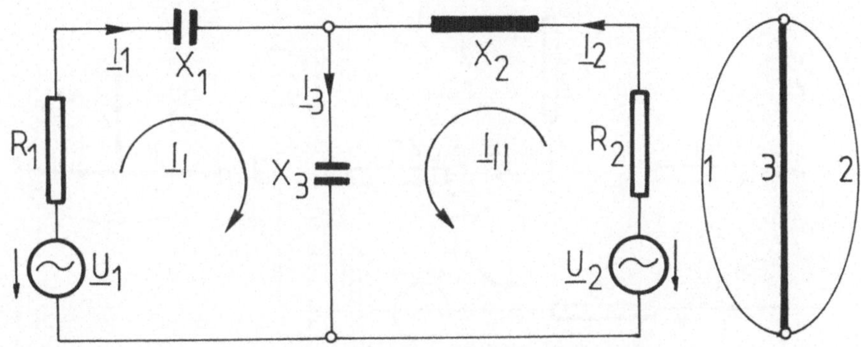

Die drei Zweigströme $\underline{I}_1$, $\underline{I}_2$, $\underline{I}_3$ sollen mit dem Maschenstromverfahren bestimmt werden.

Lösung
Als unabhängig kann man die Ströme $\underline{I}_1$ und $\underline{I}_2$ betrachten. Für die auf dem oberen Bild eingezeichneten Maschenströme stellt man das folgende Gleichungssystem auf:

$\underline{I}_I$	$\underline{I}_{II}$	
$(5 - j40)\Omega$	$-j20\Omega$	$(200 - j50)V$
$-j20\Omega$	$(10 - j15)\Omega$	$(100 - j175)V$

Für die Maschenströme ergibt sich:

$$\underline{I}_I = j10A\,,\quad \underline{I}_{II} = (-5 + j10)A$$

und für die tatsächlichen Zweigströme:

$$\underline{I}_1 = \underline{I}_I = \boxed{j \cdot 10A}\,,\quad \underline{I}_2 = -\underline{I}_{II} = \boxed{(5 - j10)A}$$

$$\underline{I}_3 = \underline{I}_I - \underline{I}_{II} = \boxed{5A}\,.$$

Beispiel 4.23:

In der folgenden Schaltung mit 4 Knoten und 6 Zweigen sollen alle 6 unbekannten
Zweigströme mit dem Maschenstromverfahren bestimmt werden.

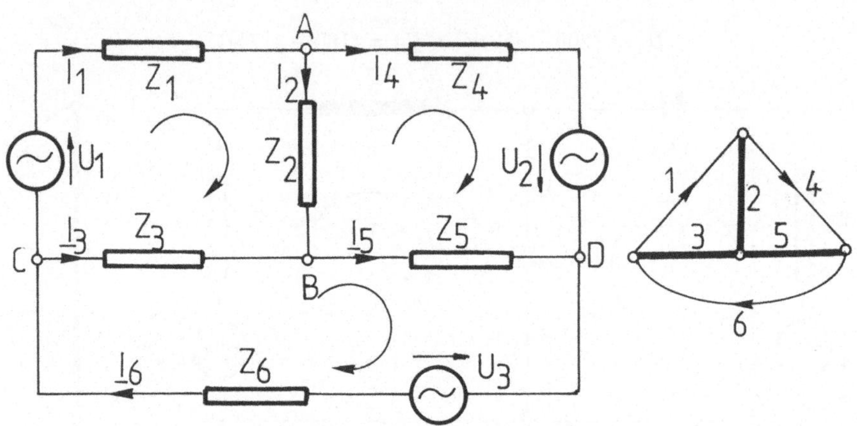

Gegeben sind: $\underline{Z}_1 = j2\,\Omega$, $\underline{Z}_2 = j5\,\Omega$, $\underline{Z}_3 = -j5\,\Omega$,
$\underline{Z}_4 = -j5\,\Omega$, $\underline{Z}_5 = 3\,\Omega$, $\underline{Z}_6 = (3 + j5)\,\Omega$,
$\underline{U}_1 = (5 - j9)V$, $\underline{U}_2 = (3 + j13)V$, $\underline{U}_3 = (9 + j16)V$.

Lösung

Die Zahl der unabhängigen Ströme ist: $m = z - k + 1 = 6 - 4 + 1 = 3$.
Wählt man als unabhängig die 3 äußeren Ströme $\underline{I}_1$, $\underline{I}_4$ und $\underline{I}_6$, so entspricht ihnen
das folgende Gleichungssystem:

$\underline{I}_1$	$\underline{I}_4$	$\underline{I}_6$	
$\underline{Z}_1 + \underline{Z}_2 + \underline{Z}_3$	$-\underline{Z}_2$	$-\underline{Z}_3$	$-\underline{U}_1$
$-\underline{Z}_2$	$\underline{Z}_2 + \underline{Z}_4 + \underline{Z}_5$	$-\underline{Z}_5$	$-\underline{U}_2$
$-\underline{Z}_3$	$-\underline{Z}_5$	$\underline{Z}_3 + \underline{Z}_5 + \underline{Z}_6$	$\underline{U}_3$

und mit Zahlen:

$\underline{I}_1$	$\underline{I}_4$	$\underline{I}_6$	
$j2$	$-j5$	$j5$	$-5 + j9$
$-j5$	3	-3	$-3 - j13$
$j5$	-3	6	$9 + j16$

Nach Auflösung des Gleichungssystems ergibt sich für die 3 unabhängigen Ströme:

$$\boxed{\underline{I}_1 = 2A}\ ,\quad \boxed{\underline{I}_4 = 1A}\ ,\quad \boxed{\underline{I}_6 = (2 + j)A}\ .$$

Fortsetzung Beispiel 4.23:

Die 3 abhängigen Ströme ergeben sich aus Knotengleichungen:

$$\text{im Knoten A:}\qquad \underline{I}_2 = \underline{I}_1 - \underline{I}_4 = \boxed{1A}$$

$$\text{im Knoten D:}\qquad \underline{I}_5 = \underline{I}_6 - \underline{I}_4 = (2+j-1)A = \boxed{(1+j)A}$$

$$\text{im Knoten C:}\qquad \underline{I}_3 = \underline{I}_6 - \underline{I}_1 = (2+j-2)A = \boxed{jA}\;.$$

Überprüfung auf der äußeren, großen Masche, die nicht benutzt wurde:

$$\underline{Z}_1\underline{I}_1 + \underline{Z}_4\underline{I}_4 + \underline{U}_2 - \underline{U}_3 + \underline{Z}_6\underline{I}_6 + \underline{U}_1 = 0$$

$$j2\cdot 2 - j5\cdot 1 + 3 + j + j13 - 9 - j16 + (3+j5)(2+j) + 5 - j9 = 0$$

$$0 = 0\;.$$

4.7.4 Knotenpotentialverfahren

Das Maschenstromverfahren (Abschn.4.7.3) geht davon aus, daß man die Zweigströme eines Netzwerks in „unabhängige" (die Ströme in den Verbindungszweigen) und „abhängige" (die Ströme der Baumzweige) aufteilen kann und daß man nur die unabhängigen Ströme berechnen muß, denn diese bestimmen eindeutig die gesamte Stromverteilung.

Unabhängig sind $m = z - k + 1$ Ströme.

Eine weitere Methode der Netzwerkanalyse geht von der Feststellung aus, daß man auch die Zweigspannungen in „unabhängige" und „abhängige" aufteilen kann. Die unabhängigen Spannungen bestimmen eindeutig die gesamte Verteilung der Spannungen - und somit auch der Ströme - in dem Netzwerk. Welche Spannungen sind unabhängig und wie groß ist ihre Zahl?

Man kann die Frage leicht beantworten, wenn man wieder das Beispiel der Brückenschaltung (Abb.52 a) und einen möglichen vollständigen Baum für die Brücke (Abb.54, links) betrachtet.

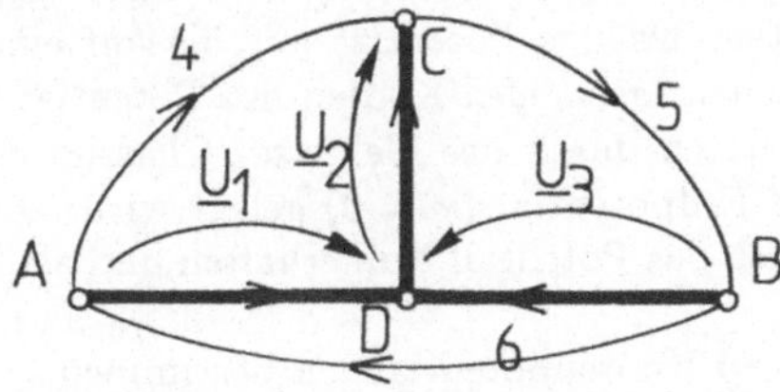

Abbildung 55: Vollständiger Baum für die Brückenschaltung Abb.52 a) und unabhängige Spannungen

Für diesen vollständigen Baum sind die Baumspannungen: $\underline{U}_1$, $\underline{U}_2$ und $\underline{U}_3$. Man ersieht leicht, daß die Baumzweigspannungen unabhängig sind und daß sie alle anderen Spannungen (in den Verbindungszweigen) eindeutig bestimmen. In der Tat, verbindet der vollständige Baum alle Knoten miteinander, ohne eine geschlossene Masche zu bilden. Nimmt man irgendeinen Verbindungszweig hinzu, so entsteht eine Masche, in der die Summe der Spannungen gleich Null *sein muß*! Somit ist die hinzugekommene Spannung des Verbindungszweiges nicht mehr frei wählbar, sondern wird von den Baumzweigspannungen bestimmt.

Auf der Abb.55 ergeben sich die drei abhängigen Spannungen: $\underline{U}_4$, $\underline{U}_5$ und $\underline{U}_6$ als:

$$U_1 + U_2 = U_4$$

$$U_2 + U_3 = U_5$$

$$U_3 - U_1 = U_6.$$

Die Spannungen der Verbindungszweige sind nicht frei wählbar, dagegen bilden die $(k-1)$ Spannungen der Baumzweige ein System von linear unabhängigen Spannungen.

Daß die Baumzweigspannungen die gesamte Spannungsverteilung bestimmen, kann man auch mit Hilfe des folgenden Gedankenexperimentes erkennen: Wenn alle Spannungen längs der Baumzweige gleich Null gemacht werden, indem man die Baumzweige kurzschließt, ist das *gesamte* Netzwerk spannungsfrei. In der Tat, werden somit alle Knoten des Netzwerkes miteinander verbunden, denn der vollständige Baum enthält alle Knoten. Somit kann keine Spannung im Netzwerk vorhanden sein, die unabhängig von den Baumzweigspannungen ist.

Zur Analyse eines Netzwerkes reicht somit aus, die *(k - 1)* Baumzweigspannungen zu berechnen. Diese sind bekannt, wenn die Potentiale der k Knoten bekannt sind. Die Zahl $(k-1)$ ist meistens kleiner als $m = (z-k+1)$, so daß das Gleichungssystem zur Bestimmung der unabhängigen Spannungen oft die kleinste Anzahl der Gleichungen aufweist, die man zur vollständigen Analyse eines Netzwerkes schreiben kann. Für Schaltungen mit wenigen Knoten ist die Knotenanalyse meist das günstigste Verfahren.

Das Knotenpotentialverfahren operiert, wie der Name sagt, mit den elektrischen Potentialen der Knoten. Da das Potential nur bis auf eine Konstante definiert ist, kann man irgendeinem *beliebigen* Knoten das Potential Null zuordnen. In der Praxis kann dieser Knoten durch das Gehäuse (Chassis) der Schaltung gebildet werden, das dann auf Erdpotential ($\varphi = 0$) gelegt wird. Doch auch jeder andere Knoten kann gedanklich das Potential Null erhalten und als *Bezugsknoten* gewählt werden.
Es bleiben somit $(k-1)$ Knotenpotentiale zu bestimmen.
Mit der Wahl des Bezugsknotens hat man auch den vollständigen Baum festgelegt.
Dieser verbindet *strahlenförmig* alle übrigen Knoten mit dem Bezugsknoten. Die

unabhängigen Spannungen der Baumzweige haben jetzt eine bestimmte Richtung:
Sie sind zu dem Bezugsknoten gerichtet, denn dieser hat das Potential Null.

Für die bereits betrachtete Brückenschaltung (Abb.52a) ergibt sich der folgende
Graph, wenn der Knoten D als Bezugsknoten gewählt wird:

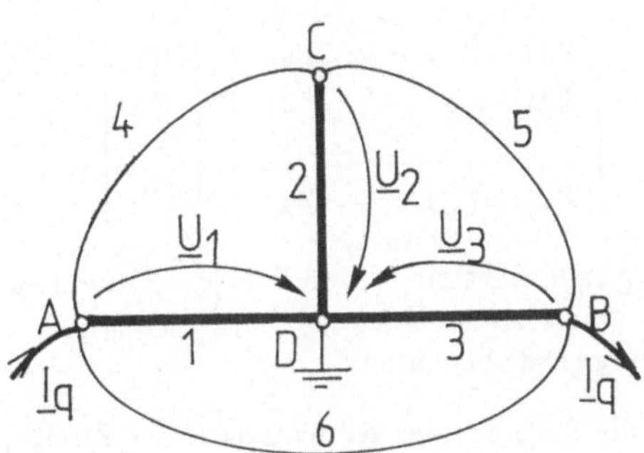

Abbildung 56: Graph zur Bestimmung der Potentiale der Knoten A, B und C

Die Knotenanalyse liefert die drei Spannungen $\underline{U}_1$, $\underline{U}_2$ und $\underline{U}_3$, mit den oben eingezeichneten Richtungen, wobei die ursprünglich als positiv gezählten Richtungen
der Ströme in den Zweigen 1, 2, 3 hier nicht bestimmend sind.

Um Spannungen leicht zu bestimmen, ist es sinnvoll, das Ohmsche Gesetz in der
Form: $\underline{I} = \underline{Y} \cdot \underline{U}$ anzuwenden. Dazu müssen *alle Spannungsquellen in Stromquellen*
umgewandelt und *alle Impedanzen $\underline{Z}$ in Admittanzen $\underline{Y}$* umgerechnet werden. Die
Richtungen der Quellenströme sollen in den betreffenden Knoten skizziert werden,
wie auf Abb.56 gezeigt.

Die komplexe Matrizengleichung für die unabhängigen Spannungen kann für jede
Schaltung direkt aufgestellt werden, wenn man die folgenden **Regeln** befolgt:

1. Zunächst muß die vorgegebene Schaltung, in die bereits willkürliche Zählpfeile für die Ströme eingetragen wurden, umgeformt werden, indem man alle
   eventuell vorhandenen *Spannungsquellen* in *Stromquellen* mit den komplexen
   Strömen $\underline{I}_{qi}$ umwandelt und alle *Impedanzen* in *Admittanzen* umrechnet. Parallel geschaltete Stromquellen und Admittanzen können zusammengefasst
   werden.

2. Man wählt einen beliebigen *Bezugsknoten*, dem man das Potential Null zu-
   ordnet. Der Knoten mit den meisten Zweiganschlüssen ergibt das einfachste
   Gleichungssystem.
   Die Spannungen zwischen den übrigen Knoten und dem Bezugsknoten sind
   die $(k-1)$ unabhängigen Spannungen, die bestimmt werden sollen.

3. Der Bezugsknoten legt den vollständigen Baum fest: Dieser verbindet *strahlenförmig* den Bezugsknoten mit den restlichen $(k-1)$ Knoten. Die *Zählpfeile* der Knotenspannungen sind *zu dem Bezugsknoten* gerichtet.

4. Das *Gleichungssystem* in Matrizenform kann direkt gebildet werden und hat die allgemeine Form:

$$\begin{vmatrix} \underline{Y}_{11} & \underline{Y}_{12} & \cdots & \underline{Y}_{13} \\ \underline{Y}_{21} & \underline{Y}_{22} & \cdots & \underline{Y}_{23} \\ \vdots & \vdots & & \vdots \\ \underline{Y}_{n1} & \underline{Y}_{n2} & \cdots & \underline{Y}_{n3} \end{vmatrix} \cdot \begin{vmatrix} \underline{U}'_1 \\ \underline{U}'_2 \\ \vdots \\ \underline{U}'_n \end{vmatrix} = \begin{vmatrix} \underline{I}'_{q1} \\ \underline{I}'_{q2} \\ \vdots \\ \underline{I}'_{qn} \end{vmatrix} \tag{188}$$

Jede Gleichung entspricht einem von den $(k-1)$ unabhängigen Knoten. *Der Bezugsknoten erhält keine Gleichung!*
In der Gleichung (188) bedeuten:

- $\underline{Y}_{ii} > 0$ die Summe aller Admittanzen der Zweige, die in dem betreffenden Knoten verbunden sind; alle werden mit *positivem* Vorzeichen behaftet.

- $\underline{Y}_{ij} = \underline{Y}_{ji} < 0$ die *Koppeladmittanzen*, die den betreffenden Knoten mit den übrigen unabhängigen Knoten (*nicht* mit dem Bezugsknoten) verbinden. Sie werden stets mit einem *negativen* Vorzeichen behaftet. Befindet sich zwischen zwei Knoten unmittelbar keine Admittanz, so wird an die entsprechende Stelle der Admittanzmatrix eine Null gesetzt.

- $\underline{U}'_i$ die unabhängigen Spannungen

- $\underline{I}'_{qi}$ die Summe aller *Quellenströme*, die in den betreffenden Knoten fließen. Sie werden *positiv* gezählt, wenn sie auf den Knoten weisen, andernfalls negativ. Diese Richtungen sind keine willkürlichen Zählrichtungen!

5. Das komplexe Gleichungssystem mit $(k-1)$ Gleichungen wird mit irgendeiner Methode (bis zu drei Gleichungen noch mit Determinantenrechnung möglich, darüber hinaus mit Digitalrechnern) gelöst.

6. Die übrigen $m = z - k + 1$ abhängigen Spannungen werden aus einfachen *Maschengleichungen* bestimmt. Dazu kehrt man am besten zu der ursprünglichen Schaltung zurück, trägt die bei Pkt.5 bestimmten $(k-1)$ Spannungen ein und bildet Maschen, in denen jeweils ein Verbindungszweig vorhanden ist, so daß man seine Spannung direkt berechnen kann. Allerdings können die gesuchten Ströme auch mit der 1. Kirchhoffschen Knotengleichung bestimmt werden.

7. Sinnvollerweise sollen die Ergebnisse durch Anwendung der Kirchhoffschen Sätze *überprüft* werden.

Für die Schaltung auf Abb.56 lautet das komplexe Gleichungssystem:

$$\begin{vmatrix} \underline{Y}_1 + \underline{Y}_4 + \underline{Y}_6 & -\underline{Y}_4 & -\underline{Y}_6 \\ -\underline{Y}_4 & \underline{Y}_2 + \underline{Y}_4 + \underline{Y}_5 & -\underline{Y}_5 \\ -\underline{Y}_6 & -\underline{Y}_5 & \underline{Y}_3 + \underline{Y}_5 + \underline{Y}_6 \end{vmatrix} \cdot \begin{vmatrix} \underline{U}_1 \\ \underline{U}_2 \\ \underline{U}_3 \end{vmatrix} = \begin{vmatrix} \underline{I}_q \\ 0 \\ -\underline{I}_q \end{vmatrix} .$$

Beispiel 4.24:

In der bereits behandelten Schaltung vom Beispiel 4.16 und Beispiel 4.19 soll noch
einmal der Strom in dem passiven, mittleren Zweig, - diesmal mit dem Knotenpotentialverfahren -, bestimmt werden.
Die Schaltung ist auf dem Bild links gezeigt. Es gilt:

$$\underline{Z}_1 = (5 - j20)\Omega, \ \underline{Z}_2 = (10 + j5)\Omega, \ \underline{Z}_3 = -j20\Omega,$$
$$\underline{U}_1 = (200 - j50)V, \ \underline{U}_2 = (100 - j175)V.$$

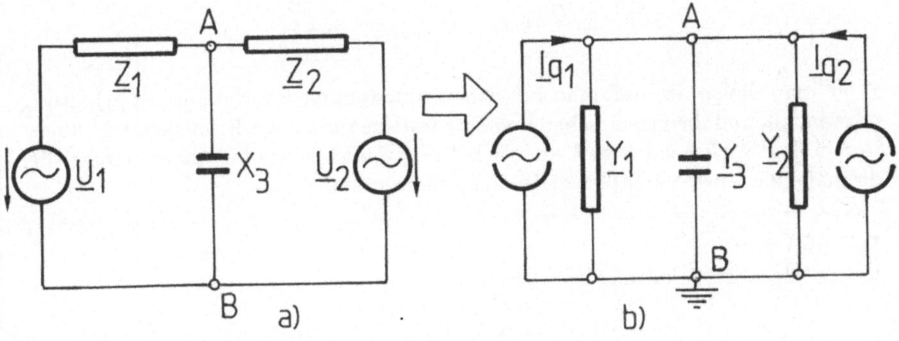

Lösung:

Auf dem Bild rechts ist die zur Anwendung des Knotenpotentialverfahrens umge-
wandelte Schaltung dargestellt. Als Bezugsknoten wurde B gewählt und geerdet.
Die darin enthaltenen Schaltelemente müssen bestimmt werden.

$$\underline{I}_{q1} = \frac{\underline{U}_1}{\underline{Z}_1} = \frac{200 - j50}{5 - j20}A = (4,706 + j8,82)A$$

$$\underline{I}_{q2} = \frac{\underline{U}_2}{\underline{Z}_2} = \frac{100 - j175}{10 + j5}A = (1 - j18)A .$$

Fortsetzung Beispiel 4.24:

Die gesamte Admittanz $\underline{Y}$ zwischen den Knoten A und B besteht aus drei parallel geschalteten Admittanzen (s. Bild, rechts):

$$\underline{Y} = \left(\frac{1}{50 - j50} - \frac{1}{j20} + \frac{1}{10 + j5} \right) S = (0,0197 + j0,057)S\,.$$

Die Spannung zwischen dem unabhängigen Knoten A und dem Bezugsknoten B ergibt sich aus der Gleichung:

$$\underline{Y} \cdot \underline{U}_{AB} = \underline{I}_{q1} + \underline{I}_{q2}$$

$$\underline{U}_{AB} = \frac{5,706 - j9,18}{0,0917 + j0,057} V = -j100V\,.$$

Der gesuchte Strom $\underline{I}_3$ ist somit wieder:

$$\underline{I}_3 = \frac{\underline{U}_{AB}}{\underline{Z}_3} = \frac{-j100}{-j20} A = \boxed{5A}\,.$$

Sieht man davon ab, daß man bei dem Knotenpotentialverfahren die Schaltung umwandeln und die neuen Schaltelemente festlegen muß, erscheint dieser Lösungsweg in dem vorliegenden Fall einer Schaltung mit zwei Knoten als der einfachste, da man eine einzige komplexe Gleichung lösen muß.

Beispiel 4.25
In der folgenden Schaltung sind bekannt:

$$R_1 = 4\Omega, \quad R_3 = R_5 = 2\Omega, \quad \omega L_4 = \frac{1}{\omega C_2} = 1\Omega$$

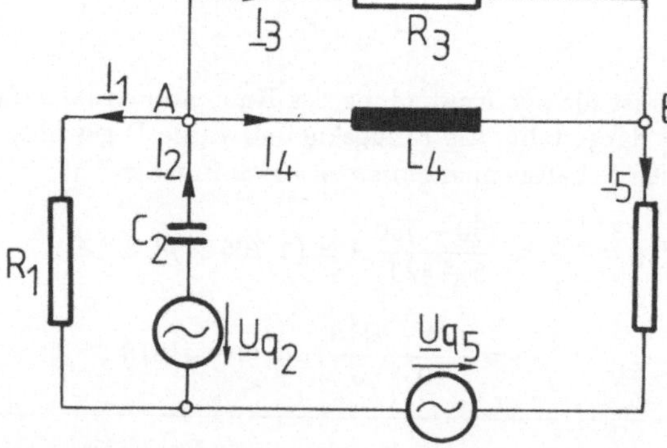

Fortsetzung Beispiel 4.25

und die zwei Quellenspannungen:

$$\underline{u}_{q2} = 20V \cdot \sin(\omega t + 45°)$$

$$\underline{u}_{q5} = 20\sqrt{2}V \cdot \sin \omega t \,.$$

Es sollen alle 5 Zweigströme mit dem Knotenpotentialverfahren bestimmt werden
(in komplexer Darstellung und als Zeitfunktionen).
Als Bezugsknoten gilt der Knoten C.

Lösung:

Die Schaltung wird umgeformt, indem die zwei Spannungsquellen in Stromquellen
und die Impedanzen in Admittanzen umgewandelt werden.

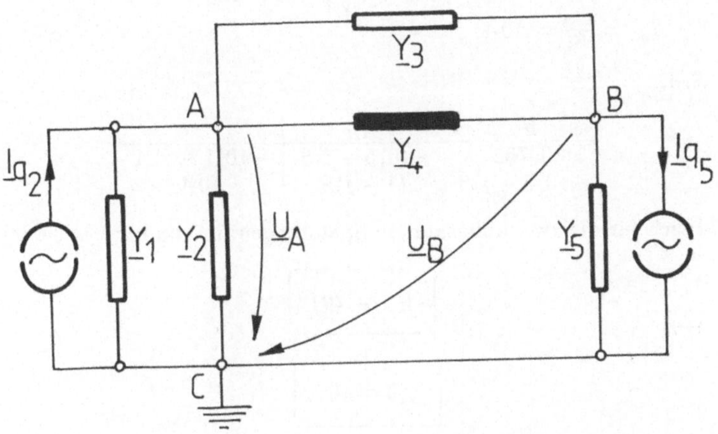

Die Admittanzen sind:

$$\begin{aligned}
\underline{Y}_1 &= \frac{1}{R_1} &&= 0,25S \\
\underline{Y}_2 &= j\omega C_2 &&= 1jS \\
\underline{Y}_3 &= \frac{1}{R_3} &&= 0,5S \\
\underline{Y}_4 &= \frac{1}{j\omega L_4} &&= -1jS \\
\underline{Y}_5 &= \underline{Y}_3 &&= 0,5S \,.
\end{aligned}$$

Fortsetzung Beispiel 4.25

Die Gleichungen für die Spannungen $\underline{U}_A$ und $\underline{U}_B$ sind:

$$
\begin{array}{cc|c}
\underline{U}_A & \underline{U}_B & \\
\hline
\underline{Y}_1 + \underline{Y}_2 + \underline{Y}_3 + \underline{Y}_4 & -(\underline{Y}_3 + \underline{Y}_4) & \underline{I}_{q2} \\
-(\underline{Y}_3 + \underline{Y}_4) & \underline{Y}_3 + \underline{Y}_4 + \underline{I}_5 & -\underline{Y}_{q5}
\end{array}
$$

Die drei benötigten Koeffizienten der Admittanz-Matrix ergeben sich als:

$$
\begin{aligned}
\underline{Y}_1 + \underline{Y}_2 + \underline{Y}_3 + \underline{Y}_4 &= (0,25 + j + 0,5 - j)S = 0,75S \\
\underline{Y}_3 + \underline{Y}_4 &= (0,5 - j)S \\
\underline{Y}_3 + \underline{Y}_4 + \underline{I}_5 &= (0,5 - j + 0,5)S = (1 - j)S \,.
\end{aligned}
$$

Die zwei Quellenströme, die die rechte Seite des Gleichungssystems bilden, sind:

$$
\begin{aligned}
\underline{I}_{q2} &= \underline{U}_{q2} \cdot j\omega C_2 = j\underline{U}_{q2} = j\frac{20}{\sqrt{2}}A \cdot e^{j\,135°} = 10(-1 + j)A \\
\underline{I}_{q5} &= \frac{\underline{U}_{q5}}{R_5} = 10A \,.
\end{aligned}
$$

Damit wird:

$$
\begin{array}{cc|c}
\underline{U}_A & \underline{U}_B & \\
\hline
0,75S & -(0,5 - j)S & -10(1 - j)A \\
-(0,5 - j)S & (1 - j)S & 10A
\end{array}
$$

Es ergibt sich für die zwei unbekannten Spannungen, in komplexer Darstellung:

$$
\boxed{\underline{U}_A = 20j}
$$

$$
\boxed{\underline{U}_B = 10j} \,.
$$

Diese Spannungen bestimmen alle 5 Zweigströme, die über Maschengleichungen berechnet werden können. Man kehrt zurück zu der ursprünglichen Schaltung, in der auch die Zählrichtungen der Ströme eingetragen wurden.
Der Strom $\underline{I}_1$ ergibt sich direct aus $\underline{U}_A$:

$$
\underline{I}_1 = \frac{\underline{U}_A}{R_1} = 5jA = 5 \cdot e^{j\,90°}\,A
$$

$$
\boxed{i_1 = 5\sqrt{2}\,A\sin(\omega t + 90°)} \,.
$$

Fortsetzung Beispiel 4.25

Für den Strom $\underline{I}_2$ schreibt man, daß die bekannte Spannung $\underline{U}_A$ auch:

$$\underline{U}_A = \underline{U}_{q2} - \frac{\underline{I}_2}{j\omega C_4}$$

ist.

$$j\underline{I}_2 = \underline{U}_A - \underline{U}_{q2} \quad \Longrightarrow \quad j\underline{I}_2 = j20 - 10(1+j) = j10 - 10$$

$$\boxed{\underline{I}_2 = 10(1+j)A} = 14,14A \cdot e^{j\,45°}$$

$$\boxed{i_2 = 20A\sin(\omega t + 45°)}\ .$$

Der Strom durch R_3 ergibt sich aus der Maschengleichung:

$$R_3\underline{I}_3 + \underline{U}_B - \underline{U}_A = 0 \quad \Longrightarrow \quad \underline{I}_3 = \frac{j10}{2}A = 5jA$$

$$\boxed{i_3 = 5\sqrt{2}\,A\sin(\omega t + 90°)}\ .$$

Die letzten zwei Ströme ergeben sich aus Knotengleichungen in A bzw. B:

$$\underline{I}_4 = \underline{I}_2 - \underline{I}_1 - \underline{I}_3 = [10(1+j) - 5j - 5j]A = 10A$$

$$\boxed{i_4 = 10\sqrt{2}\,A\sin\omega t}$$

$$\underline{I}_5 = \underline{I}_3 + \underline{I}_4 = (5j + 10)A = 11,18A \cdot e^{j\,26,6°}$$

$$\boxed{i_5 = 15,8A\sin(\omega t + 26,6°)}\ .$$

Literatur

[1] Altmann, S.; Schlayer, D: Lehr- und Übungsbuch Elektrotechnik.
Fachbuchverlag Leipzig, Köln

[2] Bosse, G.: Grundlagen der Elektrotechnik I.
Das elektrostatische Feld und der Gleichstrom.
BI Hochschultaschenbücher, Band 182

[3] Bosse, G.: Grundlagen der Elektrotechnik III.
Wechselstromlehre, Vierpol- und Leitungstheorie.
BI Hochschultaschenbücher, Band 184

[4] Clausert, H.; Wiesemann, G.: Grundgebiete der Elektrotechnik 1 und 2.
Oldenbourg Verlag

[5] Frohne, H; Löchner, K.-H.; Müller, H.: Grundlagen der Elektrotechnik.
B.G. Teubner, Stuttgart

[6] Frohne, H.: Einführung in die Elektrotechnik.
Band 1: Grundlagen und Netzwerke. Band 3: Wechselstrom.
B. G. Teubner, Stuttgart

[7] Glaab, A.; Hagenauer, J.: Übungen in Grundlagen der Elektrotechnik
III und IV. Aufgaben mit ausführlichen Lösungen.
BI Hochschultaschenbücher, Band 780

[8] Lunze, K.: Theorie der Wechselstromschaltungen.
Verlag Technik, Berlin

[9] Lunze, K.; Wagner, W.: Einführung in die Elektrotechnik (Arbeitsbuch).
Verlag Technik, Berlin

[10] Lunze, K.: Berechnung elektrischer Stromkreise.
Verlag Technik, Berlin

[11] Marinescu, M.: Gleichstromtechnik. Grundlagen und Beispiele.
Vieweg Verlag

[12] Marinescu, M.: Elektrische und magnetische Felder.
Eine praxisorientierte Einführung.
Springer Lehrbuch.

[13] Mattes, H.: Übungskurs Elektrotechnik 2. Wechselstromrechnung.
Springer Verlag

[14] Vaske, P.: Berechnung von Gleichstromschaltungen.
B.G. Teubner, Stuttgart

[15] Vaske, P.: Berechnung von Wechselstromschaltungen.
     B.G. Teubner, Stuttgart

[16] Vaske, P.: Beispiele und Aufgaben zu den Grundlagen der Elektrotechnik.
     B.G. Teubner, Stuttgart

[17] Vömel, M.; Zastrow, D.: Aufgabensammlung Elektrotechnik.
     Band 1: Gleichstrom und elektrisches Feld
     Band 2: Wechselstrom und magnetisches Feld
     Viewegs Fachbücher der Technik

[18] von Weiss, A.; Krause, M.: Allgemeine Elektrotechnik
     Vieweg Verlag

[19] Weißgerber, W.: Elektrotechnik für Ingenieure
     Band 1: Gleichstromtechnik und Elektromagnetisches Feld.
     Band 2: Wechselstromtechnik, Ortskurven, Transformator, Merphasensyste-
     me.
     Vieweg Verlag

[20] Wellers, H.: Aufgabensammlung Elektrotechnik
     Cornelsen Girardet, Düsseldorf

[21] Weyh, U.; Benzinger, H.: Aufgaben zur Wechselstromlehre
     Oldenbourg Verlag

[22] Wolff, I.: Grundlagen der Elektrotechnik 2.
     Wechselstromrechnung und elektrische Netzwerke.
     Verlag H. Wolff, Aachen